高等院校信息技术规划教材

Linux操作系统
基本原理与应用

周 奇 编著

清華大學出版社
北 京

内 容 简 介

本书以 Red Hat Linux Enterprise Linux 5(5 以上版本均可)为平台,对 Linux 基础性知识点进行全面而又详细的介绍。本书根据初学者的学习规律,先介绍操作系统引论、Linux 的运行模式、Linux 文件和磁盘系统、Linux 用户管理、Linux 的 shell 程序、Linux 网络配置、Linux 系统安全的基本操作及简单原理,然后在此基础之上以进程管理和存储管理为例来提升 Linux 操作系统理论的深度与广度,可以为实践提供思想和指导。

本书配套了《Linux 操作系统基本原理与应用实训教程》,通过加强实践环节教学,使读者在实践中学习和提高 Linux 操作系统的基本操作技能。

本书既可作为高等学校计算机类和信息技术类专业本科教材,也可作为 Linux 初学者或培训教材。

图书在版编目(CIP)数据

Linux 操作系统基本原理与应用/周奇编著. --北京:清华大学出版社,2016(2023.10 重印)
高等院校信息技术规划教材
ISBN 978-7-302-43022-3

Ⅰ. ①L… Ⅱ. ①周… Ⅲ. ①Linux 操作系统-高等学校-教材 Ⅳ. ①TP316.89

中国版本图书馆 CIP 数据核字(2016)第 031157 号

责任编辑:焦 虹 李 晔
封面设计:常雪影
责任校对:时翠兰
责任印制:刘海龙

出版发行:清华大学出版社
   网 址:http://www.tup.com.cn,http://www.wqbook.com
   地 址:北京清华大学学研大厦 A 座   邮 编:100084
   社 总 机:010-83470000   邮 购:010-62786544
   投稿与读者服务:010-62776969,c-service@tup.tsinghua.edu.cn
   质量反馈:010-62772015,zhiliang@tup.tsinghua.edu.cn
   课件下载:http://www.tup.com.cn,010-83470236
印 装 者:三河市龙大印装有限公司
经 销:全国新华书店
开 本:185mm×260mm 印 张:14.75   字 数:343 千字
版 次:2016 年 6 月第 1 版   印 次:2023 年 10 月第 11 次印刷
定 价:45.00 元

产品编号:068299-04

前言 foreword

  Linux 是一个优秀的日益成熟的操作系统，现在拥有大量的用户。由于其安全、高效、功能强大，具有良好的兼容性和可移植性，Linux 已经被越来越多的人了解和使用。随着 Linux 技术和产品的不断发展和完善，其影响和应用日益扩大。Linux 系统正在占据越来越重要的地位。本书的编写目的是帮助读者掌握 Linux 相关基础知识，理解一些基本原理，提高实际操作技能。

  本书以 Red Hat Linux Enterprise Linux 5(5 以上版本均可)为例，对 Linux 基础性知识点进行全面详细的介绍。本书根据初学者的学习规律，先介绍操作系统引论、Linux 的运行模式、Linux 文件和磁盘系统、Linux 用户管理、Linux 的 shell 程序、Linux 网络配置、Linux 系统安全的基本操作及简单原理，然后在此基础之上对进程管理和存储管理为例来提升 Linux 操作系统理论的深度与广度，可以为实践提供思想和指导。

  本书具有如下特点：一是结构严谨，内容丰富，作者对 Linux 内容的选取非常严谨，知识点的过渡顺畅自然；二是讲解通俗，步骤详细，每个知识点以及实例的讲解都通俗易懂、步骤详细，并进行了归类处理，读者只要按步骤操作就可以很快上手；三是理论和应用相结合，本书在讲解基本操作的前提下，从理论上对每个知识点的原理和应用背景都进行了详细的阐述，从而让读者在实践中举一反三，能够解决实际中遇到的问题。

  本书是在经过多年教产学研的实践以及教学改革的探索的基础上，根据高等教育的教学特点编写而成的。其特色是以理论够用，实用，强化应用为原则，使 Linux 初学者得以快速和轻松地进行学习。本书分为 9 章：操作系统引论、Linux 的运行模式、Linux 文件和磁盘系统、Linux 用户管理、Linux 的 shell 程序、Linux 网络配置、Linux 系统安全、进程管理和存储管理。

建议本课程教学时数为 72 学时。

本书涉及的所有程序等相关资源均可在清华大学出版社网站下载，编者的邮件是 zhoudake77@163.com，欢迎大家相互交流。

由于作者水平有限，书中疏漏之处在所难免，恳请广大读者批评指正。

编　者

2016 年 2 月

目录

contents

第1章

操作系统引论

操作系统是计算机系统的基本系统软件。软件系统中操作系统是所有软件的核心。操作系统负责控制、管理计算机的所有软件、硬件资源，是唯一直接和硬件系统打交道的软件，是整个软件系统的基础部分，同时还为计算机用户提供良好的界面。因此，操作系统直接面对所有硬件、软件和用户，它是协调计算机各组成部分之间、人机之间关系的重要软件系统。

1.1 计算机系统的组成

计算机系统由两大部分组成，即硬件系统和软件系统，它们一同构成一个完整的计算机系统。人们使用的计算机实际上就是通过操作系统驱动硬件来工作的。计算机硬件和软件既相互依存，又互为补充。

计算机软件是计算机硬件设备上运行的各种程序及其相关资料的总称。没有软件的计算机通常称为"裸机"，而裸机是无法工作的。因此，如果将硬件比喻为"唱片机"，是系统的物质基础，则软件就是"唱片的曲目"，是系统的灵魂。没有软件，硬件就不能正常工作，二者缺一不可。计算机系统的组成如图1.1所示。

计算机硬件的性能决定了计算机软件的运行速度、显示效果等，而计算机软件则决定了计算机可进行的工作。可以这样说，硬件是计算机系统的躯体，软件是计算机的头脑和灵魂，只有将这两者有效地结合起来，计算机系统才能成为有生命、有活力的系统。

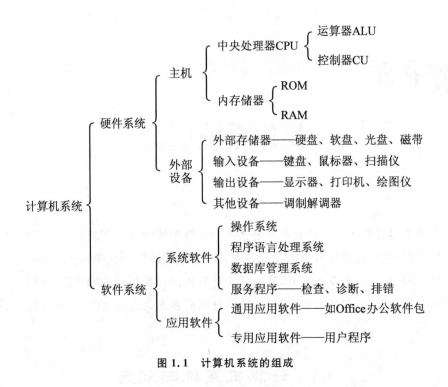

图 1.1　计算机系统的组成

1.2　操作系统的基本概念和功能

1.2.1　什么是操作系统

操作系统(Operating System,OS)是计算机系统中最基本的软件。它直接管理和控制计算机的资源,合理地调度资源,使之得到充分的利用,并为用户使用这些资源提供一个方便的操作环境和良好的用户界面。

一种非形式的定义如下:操作系统是计算机系统中的一个系统软件,它是这样一些程序模块的集合——它们管理和控制计算机系统中的硬件和软件资源,合理地组织计算机工作流程,以便有效地利用这些资源为用户提供一个功能强大、使用方便和可扩展的工作环境,从而在计算机与用户之间起到接口作用。

普通用户使用操作系统,是把操作系统当作一个资源管理者,通过系统提供的系统命令和界面操作等工具,以某种易于理解的方式完成系统管理功能,有效地控制各种硬件资源,组织自己的数据,完成自己的工作并和其他人共享资源。

对于程序员来讲,操作系统提供了一个与计算机硬件等价的扩展或虚拟的计算平台。操作系统提供给程序员的工具除了系统命令、界面操作之外,还有系统调用,系统调用抽象了许多硬件细节,程序可以以某种统一的方式进行数据处理,程序员可以避开许多具体的硬件细节,提高程序开发效率,改善程序移植特性。

1.2.2　操作系统功能

1. 处理机管理功能

在传统的多道程序系统中,处理机的分配和运行都是以进程为基本单位,因而对处理机的管理可归结为对进程的管理;在引入了线程的 OS 中,也包含对线程的管理。处理机管理的主要功能是创建和撤销进程(线程),对诸进程(线程)的运行进行协调,实现进程(线程)之间的信息交换,以及按照一定的算法把处理机分配给进程(线程)。

1) 进程控制

在传统的多道程序环境下,要使作业运行,必须先为它创建一个或几个进程,并为之分配必要的资源。当进程运行结束时,立即撤销该进程,以便能及时回收该进程所占用的各类资源。进程控制的主要功能是为作业创建进程,撤销已结束的进程,以及控制进程在运行过程中的状态转换。在现代 OS 中,进程控制还应具有为一个进程创建若干个线程的功能和撤销(终止)已完成任务的线程的功能。

2) 进程同步

进程是以异步方式运行的,并以人们不可预知的速度向前推进。为使多个进程能有条不紊地运行,系统中必须设置进程同步机制。进程同步的主要任务是为多个进程(含线程)的运行进行协调。有两种协调方式:

(1) 进程互斥方式。这是指诸进程(线程)在对临界资源进行访问时,应采用互斥方式。

(2) 进程同步方式。这是指在相互合作去完成共同任务的诸进程(线程)间,由同步机构对它们的执行次序加以协调。

3) 进程通信

在多道程序环境下,为了加速应用程序的运行,应在系统中建立多个进程,并且再为一个进程建立若干个线程,由这些进程(线程)相互合作去完成一个共同的任务。而在这些进程(线程)之间,又往往需要交换信息。例如,有三个相互合作的进程,它们是输入进程、计算进程和打印进程。输入进程负责将所输入的数据传送给计算进程;计算进程利用输入数据进行计算,并把计算结果传送给打印进程;最后,由打印进程把计算结果打印出来。进程通信的任务就是用来实现在相互合作的进程之间的信息交换。

4) 调度

在后备队列上等待的每个作业都需经过调度才能执行。在传统的操作系统中,包括作业调度和进程调度两步。

作业调度。作业调度的基本任务是从后备队列中按照一定的算法,选择出若干个作业,为它们分配运行所需的资源(首先是分配内存)。在将它们调入内存后,便分别为它们建立进程,使它们都成为可能获得处理机的就绪进程,并按照一定的算法将它们插入就绪队列。

进程调度。进程调度的任务是从进程的就绪队列中,按照一定的算法选出一个进程,把处理机分配给它,并为它设置运行现场,使进程投入执行。值得注意的是,在多线程 OS 中,通常是把线程作为独立运行和分配处理机的基本单位,为此,须把就绪线程排成一个队列,每次调度时,是从就绪线程队列中选出一个线程,把处理机分配给它。

2. 存储器管理功能

1) 内存分配

内存分配的主要任务是为每道程序分配内存空间,使它们"各得其所";提高存储器的利用率,以减少不可用的内存空间;允许正在运行的程序申请附加的内存空间,以适应程序和数据动态增长的需要。

OS 在实现内存分配时,可采取静态和动态两种方式。在静态分配方式中,每个作业的内存空间是在作业装入时确定的;在作业装入后的整个运行期间,不允许该作业再申请新的内存空间,也不允许作业在内存中"移动"。在动态分配方式中,每个作业所要求的基本内存空间也是在装入时确定的,但允许作业在运行过程中继续申请新的附加内存空间,以适应程序和数据的动态增长,也允许作业在内存中"移动"。

为了实现内存分配,在内存分配的机制中应具有这样的结构和功能:

(1) 内存分配数据结构。该结构用于记录内存空间的使用情况,作为内存分配的依据;

(2) 内存分配功能。系统按照一定的内存分配算法为用户程序分配内存空间;

(3) 内存回收功能。系统对于用户不再需要的内存,通过用户的释放请求去完成系统的回收功能。

2) 内存保护

内存保护的主要任务是确保每道用户程序都只在自己的内存空间内运行,彼此互不干扰;绝不允许用户程序访问操作系统的程序和数据;也不允许用户程序转移到非共享的其他用户程序中去执行。

为了确保每道程序都只在自己的内存区中运行,必须设置内存保护机制。一种比较简单的内存保护机制是设置两个界限寄存器,分别用于存放正在执行程序的上界和下界。系统须对每条指令所要访问的地址进行检查,如果发生越界,便发出越界中断请求,以停止该程序的执行。如果这种检查完全用软件实现,则每执行一条指令,便须增加若干条指令去进行越界检查,这将显著降低程序的运行速度。因此,越界检查都由硬件实现。当然,对发生越界后的处理,还须与软件配合来完成。

3) 地址映射

一个应用程序(源程序)经编译后,通常会形成若干个目标程序;这些目标程序再经过链接便形成了可装入程序。这些程序的地址都是从 0 开始的,程序中的其他地址都是相对于起始地址计算的。由这些地址所形成的地址范围称为"地址空间",其中的地址称为"逻辑地址"或"相对地址"。此外,由内存中的一系列单元所限定的地址范围称为"内存空间",其中的地址称为"物理地址"。

在多道程序环境下,每道程序不可能都从 0 地址开始装入(内存),这就致使地址空间内的逻辑地址和内存空间中的物理地址不相一致。为使程序能正确运行,存储器管理必须提供地址映射功能,以将地址空间中的逻辑地址转换为内存空间中与之对应的物理地址。该功能应在硬件的支持下完成。

置换功能。若发现在内存中已无足够的空间来装入需要调入的程序和数据时,系统应能将内存中的一部分暂时不用的程序和数据调至磁盘上,以腾出内存空间,然后再将所需调入的部分装入内存。

4) 内存扩充

存储器管理中的内存扩充任务并非是去扩大物理内存的容量,而是借助于虚拟存储技术,从逻辑上去扩充内存容量,使用户所感觉到的内存容量比实际内存容量大得多,以便让更多的用户程序并发运行。这样,既满足了用户的需要,又改善了系统的性能。为此,只需增加少量的硬件。为了能在逻辑上扩充内存,系统必须具有内存扩充机制,用于实现下述各功能:

请求调入功能。允许在装入一部分用户程序和数据的情况下,便能启动该程序运行。在程序运行过程中,若发现要继续运行时所需的程序和数据尚未装入内存,可向 OS 发出请求,由 OS 从磁盘中将所需部分调入内存,以便继续运行。

置换功能。若发现在内存中已无足够的空间来装入需要调入的程序和数据时,系统应能将内存中的一部分暂时不用的程序和数据调至盘上,以腾出内存空间,然后再将所需调入的部分装入内存。

3. 设备管理功能

1) 缓冲管理

CPU 运行的高速性和 I/O 低速性间的矛盾自计算机诞生时起便已存在了。而随着 CPU 速度迅速提高,使得此矛盾更为突出,严重降低了 CPU 的利用率。如果在 I/O 设备和 CPU 之间引入缓冲,则可有效地缓和 CPU 与 I/O 设备速度不匹配的矛盾,提高 CPU 的利用率,进而提高系统吞吐量。因此,在现代计算机系统中,都无一例外地在内存中设置了缓冲区,而且还可通过增加缓冲区容量的方法来改善系统的性能。

2) 设备分配

设备分配的基本任务是根据用户进程的 I/O 请求、系统的现有资源情况以及按照某种设备的分配策略,为之分配其所需的设备。如果在 I/O 设备和 CPU 之间还存在着设备控制器和 I/O 通道时,还须为分配出去的设备分配相应的控制器和通道。

为了实现设备分配,系统中应设置设备控制表、控制器控制表等数据结构,用于记录设备及控制器的标识符和状态。根据这些表格可以了解指定设备当前是否可用,是否忙碌,以供进行设备分配时参考。在进行设备分配时,应针对不同的设备类型而采用不同的设备分配方式。对于独占设备(临界资源)的分配,还应考虑到该设备被分配出去后系统是否安全。在设备使用完后,应立即由系统回收。

3) 设备处理

设备处理程序又称为设备驱动程序。其基本任务是用于实现 CPU 和设备控制器之间的通信,即由 CPU 向设备控制器发出 I/O 命令,要求它完成指定的 I/O 操作;反之,由 CPU 接收从控制器发来的中断请求,并给予迅速的响应和相应的处理。

处理过程是:设备处理程序首先检查 I/O 请求的合法性,了解设备状态是否是空闲的,了解有关的传递参数及设置设备的工作方式。然后向设备控制器发出 I/O 命令,启动 I/O 设备去完成指定的 I/O 操作。设备驱动程序还应能及时响应由控制器发来的中断请求,并根据该中断请求的类型,调用相应的中断处理程序进行处理。对于设置了通道的计算机系统,设备处理程序还应能根据用户的 I/O 请求,自动地构成通道程序。

4. 文件管理功能

1) 文件存储空间的管理

为了方便用户的使用,对于一些当前需要使用的系统文件和用户文件,都必须放在可随机存取的磁盘上。在多用户环境下,若由用户自己对文件的存储进行管理,不仅非常困难,而且也必然是十分低效的。因而,需要由文件系统对诸多文件及文件的存储空间实施统一的管理。其主要任务是为每个文件分配必要的外存空间,提高外存的利用率,并有助于提高文件系统的存、取速度。

2) 目录管理

为了使用户能方便地在外存上找到自己所需的文件,通常由系统为每个文件建立一个目录项。目录项包括文件名、文件属性、文件在磁盘上的物理位置等。由若干个目录项又可构成一个目录文件。目录管理的主要任务是为每个文件建立其目录项,并对众多的目录项加以有效的组织,以实现方便的按名存取,即用户只须提供文件名便可对该文件进行存取。其次,目录管理还应能实现文件共享,这样,只须在外存上保留一份该共享文件的副本。此外,还应能提供快速的目录查询手段,以提高对文件的检索速度。

3) 文件的读/写管理和保护

文件的读/写管理。该功能是根据用户的请求,从外存中读取数据,或将数据写入外存。在进行文件读(写)时,系统先根据用户给出的文件名去检索文件目录,从中获得文件在外存中的位置。然后,利用文件读(写)指针,对文件进行读(写)。一旦读(写)完成,便修改读(写)指针,为下一次读(写)做好准备。由于读和写操作不会同时进行,故可合用一个读/写指针。

文件保护。为了防止系统中的文件被非法窃取和破坏,在文件系统中必须提供有效的存取控制功能,以实现下述目标:

(1) 防止未经核准的用户存取文件;

(2) 防止冒名顶替存取文件;

(3) 防止以不正确的方式使用文件。

5. 操作系统与用户之间的接口

为了方便用户使用操作系统,OS 又向用户提供了"用户与操作系统的接口"。该接口通常可分为两大类:

用户接口。它是提供给用户使用的接口,用户可通过该接口取得操作系统的服务;

程序接口。它是提供给程序员在编程时使用的接口,是用户程序取得操作系统服务的唯一途径。

1）用户接口

为了便于用户直接或间接地控制自己的作业,操作系统向用户提供了命令接口。用户可通过该接口向作业发出命令以控制作业的运行。该接口又进一步分为联机用户接口和脱机用户接口。

联机用户接口。这是为联机用户提供的,它由一组键盘操作命令及命令解释程序所组成。当用户在终端或控制台上每输入一条命令后,系统便立即转入命令解释程序,对该命令加以解释并执行该命令。在完成指定功能后,控制又返回到终端或控制台上,等待用户输入下一条命令。这样,用户可通过先后输入不同命令的方式,来实现对作业的控制,直至作业完成。

脱机用户接口。该接口是为批处理作业的用户提供的,故也称为批处理用户接口。该接口由一组作业控制语言(Job Control Language,JCL)组成。批处理作业的用户不能直接与自己的作业交互作用,只能委托系统代替用户对作业进行控制和干预。这里的作业控制语言(JCL)便是提供给批处理作业用户的、为实现所需功能而委托系统代为控制的一种语言。用户用 JCL 把需要对作业进行的控制和干预事先写在作业说明书上,然后将作业连同作业说明书一起提供给系统。当系统调度到该作业运行时,又调用命令解释程序,对作业说明书上的命令逐条地解释执行。如果作业在执行过程中出现异常现象,系统也将根据作业说明书上的指示进行干预。这样,作业一直在作业说明书的控制下运行,直至遇到作业结束语句时,系统才停止该作业的运行。

图形用户接口。用户虽然可以通过联机用户接口来取得 OS 的服务,但这时要求用户能熟记各种命令的名字和格式,并严格按照规定的格式输入命令。这既不方便又花时间,于是,另一种形式的联机用户接口——图形用户接口便应运而生。图形用户接口采用了图形化的操作界面,用非常容易识别的各种图标(Icon)来将系统的各项功能、各种应用程序和文件,直观、逼真地表示出来。用户可用鼠标或通过菜单和对话框来完成对应用程序和文件的操作。此时用户已完全不必像使用命令接口那样去记住命令名及格式,从而把用户从烦琐且单调的操作中解脱出来。

2）程序接口

该接口是为用户程序在执行中访问系统资源而设置的,是用户程序取得操作系统服务的唯一途径。它是由一组系统调用组成,每一个系统调用都是一个能完成特定功能的子程序,每当应用程序要求 OS 提供某种服务(功能)时,便调用具有相应功能的系统调用。早期的系统调用都是由汇编语言提供的,只有在用汇编语言书写的程序中才能直接使用系统调用;但在高级语言以及 C 语言中,往往提供了与各系统调用一一对应的库函数,这样,应用程序便可通过调用对应的库函数来使用系统调用。但在近几年所推出的操作系统中,如 UNIX、OS/2 版本中,其系统调用本身已经采用 C 语言编写,并以函数形式提供,故在用 C 语言编制的程序中,可直接使用系统调用。

1.3　操作系统的目标

1. 有效性

在早期(20 世纪 50~60 年代),由于计算机系统非常昂贵,操作系统最重要的目标无疑是有效性。事实上,那时有效性是推动操作系统发展最主要的动力。正因如此,现在的大多数操作系统书籍,都着重于介绍如何提高计算机系统的资源利用率和系统的吞吐量问题。操作系统的有效性可包含如下两方面的含义:

(1) 提高系统资源利用率。在未配置 OS 的计算机系统中,诸如 CPU、I/O 设备等各种资源,都会因它们经常处于空闲状态而得不到充分利用;内存及外存中所存放的数据太少或者无序而浪费了大量的存储空间。配置了 OS 之后,可使 CPU 和 I/O 设备由于能保持忙碌状态而得到有效的利用,且可使内存和外存中存放的数据因有序而节省了存储空间。

(2) 提高系统的吞吐量。操作系统还可以通过合理地组织计算机的工作流程,而进一步改善资源的利用率,加速程序的运行,缩短程序的运行周期,从而提高系统的吞吐量。

2. 方便性

配置 OS 后可使计算机系统更容易使用。一个未配置 OS 的计算机系统是极难使用的,因为计算机硬件只能识别 0 和 1 这样的机器代码。用户要直接在计算机硬件上运行自己所编写的程序,就必须用机器语言书写程序;用户要想输入数据或打印数据,也都必须自己用机器语言书写相应的输入程序或打印程序。如果我们在计算机硬件上配置了 OS,用户便可通过 OS 所提供的各种命令来使用计算机系统。比如,用编译命令可方便地把用户用高级语言书写的程序翻译成机器代码,大大地方便了用户,从而使计算机变得易学易用。

3. 可扩充性

随着超大规模集成电路(Very Large Scale Integration,VLSI)技术和计算机技术的迅速发展,计算机硬件和体系结构也随之得到迅速发展,相应地,它们也对 OS 提出了更高的功能和性能要求。此外,多处理机系统、计算机网络,特别是 Internet 的发展,又对 OS 提出了一系列更新的要求。因此,OS 必须具有很好的可扩充性,方能适应计算机硬件、体系结构以及应用发展的要求。这就是说,现代 OS 应采用新的 OS 结构,如微内核结构和客户服务器模式,以便于方便地增加新的功能和模块,并能修改老的功能和模块。

4. 开放性

自 20 世纪 80 年代以来,由于计算机网络的迅速发展,特别是 Internet 应用的日益普及,使计算机操作系统的应用环境已由单机封闭环境转向开放的网络环境。为使来自不同厂家的计算机和设备能通过网络加以集成化,并能正确、有效地协同工作,实现应用的可移植性和互操作性,要求操作系统必须提供统一的开放环境,进而要求 OS 具有开放性。

开放性是指系统能遵循世界标准规范,特别是遵循开放系统互连(OSI)国际标准。凡遵循国际标准所开发的硬件和软件,均能彼此兼容,可方便地实现互连。开放性已成为 20 世纪 90 年代以后计算机技术的一个核心问题,也是一个新推出的系统或软件能否被广泛应用的至关重要的因素。

1.4　操作系统的基本特性

1.4.1　并发性

1. 并行与并发

并行性和并发性(Concurrence)是既相似又有区别的两个概念,并行性是指两个或多个事件在同一时刻发生;而并发性是指两个或多个事件在同一时间间隔内发生。在多道程序环境下,并发性是指在一段时间内宏观上有多个程序在同时运行,但在单处理机系统中,每一时刻却仅能有一道程序执行,故微观上这些程序只能是分时地交替执行。倘若在计算机系统中有多个处理机,则这些可以并发执行的程序便可被分配到多个处理机上,实现并行执行,即利用每个处理机来处理一个可并发执行的程序,这样,多个程序便可同时执行。

2. 引入进程

应当指出,通常的程序是静态实体(Passive Entity),在多道程序系统中,它们是不能独立运行的,更不能和其他程序并发执行。在操作系统中引入进程的目的,就是为了使多个程序能并发执行。例如,在一个未引入进程的系统中,在属于同一个应用程序的计算程序和 I/O 程序之间,两者只能是顺序执行,即只有在计算程序执行告一段落后,才允许 I/O 程序执行;反之,在程序执行 I/O 操作时,计算程序也不能执行,这意味着处理机处于空闲状态。但在引入进程后,若分别为计算程序和 I/O 程序各建立一个进程,则这两个进程便可并发执行。

由于在系统中具备使计算程序和 I/O 程序同时运行的硬件条件,因而可将系统中的 CPU 和 I/O 设备同时开动起来,实现并行工作,从而有效地提高了系统资源的利用率和系统吞吐量,并改善了系统的性能。引入进程的好处远不止于此,事实上可以在内存中存放多个用户程序,分别为它们建立进程后,这些进程可以并发执行,亦即实现前面所说的多道程序运行。这样便能极大地提高系统资源的利用率,增加系统的吞吐量。

为使多个程序能并发执行,系统必须分别为每个程序建立进程(Process)。简单说来,进程是指在系统中能独立运行并作为资源分配的基本单位,它是由一组机器指令、数据和堆栈等组成的,是一个能独立运行的活动实体。多个进程之间可以并发执行和交换信息。一个进程在运行时需要一定的资源,如 CPU、存储空间及 I/O 设备等。

3. 引入线程

通常在一个进程中可以包含若干个线程，它们可以利用进程所拥有的资源。在引入线程的 OS 中，通常都是把进程作为分配资源的基本单位，而把线程作为独立运行和独立调度的基本单位。由于线程比进程更小，基本上不拥有系统资源，故对它的调度所付出的开销就会小得多，能更高效地提高系统内多个程序间并发执行的程度。因而近年来推出的通用操作系统都引入了线程，以便进一步提高系统的并发性，并把它视作现代操作系统的一个重要标志。

1.4.2 共享性

1. 互斥共享方式

系统中的某些资源，如打印机、磁带机，虽然它们可以提供给多个进程（线程）使用，但为使所打印或记录的结果不致造成混淆，应规定在一段时间内只允许一个进程（线程）访问该资源。为此，系统中应建立一种机制，以保证对这类资源的互斥访问。当一个进程 A 要访问某资源时，必须先提出请求。如果此时该资源空闲，系统便可将之分配给请求进程 A 使用。此后若再有其他进程也要访问该资源时（只要 A 未用完），则必须等待。仅当 A 进程访问完并释放该资源后，才允许另一进程对该资源进行访问。

我们把这种资源共享方式称为互斥式共享，而把在一段时间内只允许一个进程访问的资源称为临界资源或独占资源。计算机系统中的大多数物理设备，以及某些软件中所用的栈、变量和表格，都属于临界资源，它们要求被互斥地共享。为此，在系统中必须配置某种机制来保证诸进程互斥使用独占资源。

2. 同时访问方式

系统中还有另一类资源，允许在一段时间内由多个进程"同时"对它们进行访问。这里所谓的"同时"，在单处理机环境下往往是宏观上的，而在微观上，这些进程可能是交替地对该资源进行访问。典型的可供多个进程"同时"访问的资源是磁盘设备，一些用可重入码编写的文件也可以被"同时"共享，即若干个用户同时访问该文件。

并发和共享是操作系统的两个最基本的特征，它们又是互为存在的条件。一方面，资源共享是以程序（进程）的并发执行为条件的，若系统不允许程序并发执行，自然不存在资源共享问题；另一方面，若系统不能对资源共享实施有效管理，协调好诸进程对共享资源的访问，也必然影响到程序并发执行的程度，甚至根本无法并发执行。

1.4.3 虚拟技术

时分复用技术

时分复用，亦即分时使用方式，它最早用于电信业中。为了提高信道的利用率，人们利用时分复用方式，将一条物理信道虚拟为多条逻辑信道，将每条信道供一对用户通话。在计算机领域中，广泛利用该技术来实现虚拟处理机、虚拟设备等，以提高资源的利用率。

1）处理机技术

在虚拟处理机技术中,利用多道程序设计技术,为每道程序建立一个进程,让多道程序并发地执行,以此来分时使用一台处理机。此时,虽然系统中只有一台处理机,但它却能同时为多个用户服务,使每个终端用户都认为是有一个处理机在专门为他服务。亦即,利用多道程序设计技术,把一台物理上的处理机虚拟为多台逻辑上的处理机,在每台逻辑处理机上运行一道程序。我们把用户所感觉到的处理机称为虚拟处理器。

2）虚拟存储器技术

在单道程序环境下,处理机会有很多空闲时间,内存也会有很多空闲空间,显然,这会使处理机和内存的效率低下。如果说时分复用技术是利用处理机的空闲时间来运行其他的程序,使处理机的利用率得以提高,那么空分复用则是利用存储器的空闲空间来存放其他的程序,以提高内存的利用率。

1.4.4　异步性

在多道程序环境下允许多个进程并发执行,但只有进程在获得所需的资源后方能执行。在单处理机环境下,由于系统中只有一台处理机,因而每次只允许一个进程执行,其余进程只能等待。当正在执行的进程提出某种资源要求时,如打印请求,而此时打印机正在为其他某进程打印,由于打印机属于临界资源,因此正在执行的进程必须等待,且放弃处理机,直到打印机空闲,并再次把处理机分配给该进程时,该进程方能继续执行。可见,由于资源等因素的限制,使进程的执行通常都不是"一气呵成",而是以"停停走走"的方式运行。

内存中的每个进程在何时能获得处理机运行,何时又因提出某种资源请求而暂停,以及进程以怎样的速度向前推进,每道程序总共需多少时间才能完成,等等,这些都是不可预知的。由于各用户程序性能的不同,比如,有的侧重于计算而较少需要 I/O,而有的程序其计算少而 I/O 多,这样,很可能是先进入内存的作业后完成,而后进入内存的作业先完成。或者说,进程是以人们不可预知的速度向前推进,此即进程的异步性(Asynchronism)。尽管如此,但只要在操作系统中配置有完善的进程同步机制,且运行环境相同,作业经多次运行都会获得完全相同的结果。因此,异步运行方式是允许的,而且是操作系统的一个重要特征。

1.5　Linux 操作系统简介

1. Linux 的历史

1991 年年初,芬兰赫尔辛基大学的学生 Linus Torvalds 出于个人爱好,决定自己编写一个类似 Minix 的操作系统。他在 PC 上学习和研究 Minix,并参照它开发出最初的 Linux 内核。1991 年 9 月,Linus 通过 Internet 正式公布了他的第一个"作品"——Linux 0.01 版。这个系统在网上一出现,立即吸引了许多软件高手投入到开发工作中。到

1993 年,大约有 100 余名程序员参与了 Linux 内核的编写和修改工作。在众多爱好者的帮助下,Linux 的完整内核被迅速开发出来。

1994 年 3 月,Linux 1.0 内核发布。该内核具备了完整的类 UNIX 操作系统的本质特性,不同的是,Linux 是按免费自由软件的 GPL 许可发行的,这是促进 Linux 快速发展的决定性因素。更多开发者开始投入 Linux 内核的开发、测试和修正工作,还有许多人将 GNU 项目已开发出的 C 库、gcc、emacs、bash 等移植到 Linux 内核上来,使之成为一个完整可用的系统。

1996 年 6 月,Linux 2.0 内核发布。此时的 Linux 已经进入了实用阶段。Red Hat 等许多软件公司看好 Linux 的前景,纷纷介入其中。他们把内核、源代码及应用程序整合在一起,又增加了一些实用工具软件和图形界面,形成各种发行版并开始广泛发行。

1998 年以来,Linux 逐渐获得商业认同。很多实力雄厚的商业软硬件公司,如 IBM、Intel、Sun、Novell、Oracle 等纷纷宣布对 Linux 的投资和支持计划。这奠定了 Linux 作为服务器操作系统进入实际应用领域的地位。

目前,Linux 的开发和发布模式是:内核程序由核心组成员负责更新和发布,驱动程序和应用软件由众多 Linux 爱好者、软件供应商和系统集成商等自行开发或移植。

近年来,Linux 还在蓬勃发展中。凭借其优秀的设计和不凡的性能,加上知名企业的大力支持,市场份额逐步扩大。在短短的十几年中,Linux 已从一个为满足个人爱好而设计的产物成长为一个充满竞争力和活力的主流操作系统。

2. Linux 的背景

Linux 的诞生和发展与 UNIX 系统、Minix 系统、Internet、GNU 计划有着不可分割的关系,它们对于 Linux 有着深刻的影响和促进作用。

1) UNIX 系统

1971 年,UNIX 操作系统正式诞生于 AT&T 公司的 Bell 实验室。它是一个多用户多任务的分时操作系统。在那个年代,操作系统都是用汇编语言编写而成的,追求大而全的设计,使得系统异常庞大和复杂。而此时出现的 UNIX 是第一个用高级语言(C 语言)写成的,它的内核只有 2 万行代码,短小精悍,性能却非常优异,令研究者们如获至宝。更为重要的是,UNIX 的源代码是公开的,而且在整个 20 世纪 70 年代都是免费的,这使它很快就在大学和研究机构中流行起来,随后又被广泛移植到各种机型的硬件平台上。经过不断发展和演变,UNIX 的应用范围现已覆盖了大中小型计算机、工作站以及 PC 服务器,尤其是在中小型机以及工作站上始终占有统治地位。

如今,UNIX 已具有多年的稳定运行历史,以高可靠性、高效率著称,主要用于重要的商务运算和关键事务处理。UNIX 有如下主要特点:

无可比拟的安全性与稳定性,能达到大型主机可靠性指标。

良好的伸缩性,系统内核和核外程序均可裁剪,以适合不同规模的计算。

强大的 TCP/IP 支持,对 Internet 的发展功不可没。

良好的可移植性,支持广泛的硬件平台。

源代码公开,便于研究和教学。

UNIX 堪称操作系统设计的典范,它的许多优秀的设计思想和理念对后来的操作系统产生了深刻的影响,Linux 就是许多类 UNIX 系统中的一个佼佼者。由于 Linux 的开发者都具有各种 UNIX 的背景,因此 Linux 继承了 UNIX 的优秀设计思想,也集中了 UNIX 的各种优点。

2) Minix 系统

UNIX 是一个商用软件,虽然它的源代码是公开的,但不是免费的。UNIX 高昂的源码许可证费用令普通用户无法接受。另外,UNIX 对硬件平台的要求也比较高,这限制了它在教学和研究领域的使用。

1987 年,荷兰教授 Andrew 设计了一个微型的 UNIX 操作系统——Minix,用于操作系统的研究和教学。Minix 非常小巧,可运行在廉价的微机上。它的源代码是免费的,任何一个用户都可以得到它、研究它和使用它。Linux 的作者 Linus 就是通过研究 Minix 系统起步,开发了最初的 Linux 内核。

3) Internet

20 世纪 80 年代中期,互联网(Internet)逐渐形成,它将全球计算机网络连接在一起,使世界各地的用户能够通过 Internet 交流和获取信息。在互联网的早期用户中,很大一部分是软件从业者和爱好者,他们通过 Internet 切磋技术、协同工作、发布和获取软件代码,逐渐形成一种植根于互联网的独特的"黑客"文化。

Linux 是一个诞生于互联网时代的产物,它的开发者是遍布世界各地的无数个软件高手,是网络把他们的力量汇聚在一起,推动 Linux 不断地发展和壮大起来。如果没有 Internet,Linux 还只是个人手中的一个实验程序。

4) GNU

20 世纪 80 年代初,自由软件运动兴起。自由软件运动的目标是减少对软件使用上的限制,使软件的发展更具灵活性。自由软件提倡四大自由,即运行软件的自由、获取源代码修改软件的自由、发布(免费/少许收费)软件的自由以及发布后修改软件的自由。

1983 年,自由软件运动的领导者 Richard Stallman 提出 GNU(GNU's Not UNIX)计划。GNU 计划致力于开发一个自由的类 UNIX 操作系统,包括内核、系统工具和各种应用程序。GNU 系统中的每一个构件都是自由软件,但不都是免费发布的(如 X Window 系统等)。

为了保证 GNU 计划的软件能够被广泛地共享,Stallman 又为 GNU 计划创作了通用软件许可证(General Public License,GPL)。GPL 是一个针对免费发布软件的具体发布条款。对于遵照 GPL 许可发布的软件,用户可以免费得到软件的源代码和永久使用权,可以任意复制和修改,同时也有义务公开修改后的代码。

到 1991 年,GNU 已经完成了除系统内核外的几乎所有必备软件的开发,其中大部分是按 GPL 许可发布的。此时,Linux 内核也正式发布了。Linux 内核虽然不是 GNU 计划的一部分,但它是基于 GPL 许可发布的,也就是说,它被奉献给了 GNU 作为系统内核。自然地,各种 GNU 软件被组合到了 Linux 内核上,构成了 GNU/Linux 这一完整的自由操作系统。

GPL 许可与 Internet 网络相结合,改变了传统的以公司为主体的封闭式软件开发模式,代之以源代码开放和全球范围协作的全新开发模式。这种开发模式激发了世界各地的软件开发者的热情和创造力,推动自由软件迅速地发展和壮大。

1.6　Linux 操作系统的组成及版本

1. Linux 的组成

Linux 的基本系统由 3 个主要部分组成。

(1) 内核:运行程序和管理基本硬件设备的核心程序。

(2) shell:系统的命令行用户界面,负责接收、解释和执行用户输入的命令。

(3) 文件系统:按一定的组织方式存放在磁盘上的文件集合。

以上部分构成的 Linux 基本系统是系统的最小配置,它使用户可以运行程序、管理文件和使用设备。在基本系统之上,用户可以通过有选择地附加一些系统和应用软件(如图形用户界面、开发环境等)来扩展系统,使其满足不同的应用需求。

2. Linux 操作系统的版本

"Linux"一词有两种不同的含义:从技术角度上讲,Linux 指的是一个自由的"类 UNIX"操作系统的内核,由 Linus 带领的内核团队维护和发布;从使用角度看,Linux 是指以 Linux 内核为基础的,包含了系统工具和各种应用的完整的"类 UNIX"操作系统,这种完整的 Linux 系统称为 Linux 发行(distribution)版本,由各发行商或社团组织维护和发布。

1) Linux 的内核版本

所有 Linux 系统使用的内核只有一个版本,由 Linus 本人带领的内核团队维护和发布。内核的版本号由三组数字表示。第一组数字是主版本号,主版本不同的内核在功能上有很大的差异。第二组数字是次版本号,如果是奇数,则表示该版为测试版,可能有潜在缺陷;如果是偶数则表示该版已经过严格测试,是稳定的版本。第三组数字是修订序列号,数字越大则表示功能越强或缺陷越少。目前的内核稳定主次版本是在 2003 年 12 月发布的 2.6 版。

2) Linux 的发行版本

Linux 的知名发行版本多达几百种,每种发行版本都以 Linux 内核为基础,配置的程序也大同小异,通常包括图形界面、网络服务程序、标准系统库、应用程序等。各版本之间真正的区别在于其安装、配置、附加应用、管理工具以及技术支持的不同。目前比较流行的发行版本主要有以下几种:

(1) Red Hat 和 Fedora

Red Hat 公司是商业化最成功的 Linux 发行商,它的 Red Hat Linux 无论在服务器上还是桌面系统中都工作得很好。Red Hat Linux 拥有数量庞大的用户和许多创新技术,并获得了很多商业的支持和社区技术支持,它的兴衰一度成为 Linux 成败的晴雨表。Red Hat 提供了优秀的安装程序、图形配置工具以及先进的软件包管理工具 RPM,在硬件与软件兼容性上也做得很好。

2003 年年底,Red Hat 公司停止了免费版 Red Hat Linux 的开发工作,将原 Red Hat Linux 拆分为两个系列:用于服务器的商业化版本 Red Hat Enterprise Linux(RHEL)和定位于桌面用户的免费版本 Fedora。RHEL 由 Red Hat 公司提供收费的技术支持和更新,产品测试充分,稳定性好,主要用作企业服务器系统。Fedora 的开发工作则是采用了由 Red Hat 主办、社区支持的开放源代码项目的形式进行。Fedora 采用了许多 Linux 的最新技术,版本更新周期短。所有用到企业版的技术都要先在 Fedora 上试验。因此,Fedora 是体验 Linux 前沿技术的平台。但 Fedora 不提供稳定性和支持保证。

（2）Debian 和 Ubuntu。

Debian/GNU Linux 是最纯正的自由软件 Linux 发行版,Debian 的所有软件包都是自由软件,完全由分布在世界各地的 Linux 爱好者维护并发行,因而它的软件资源十分丰富。Debian 非常注重稳定性,它的发行版本变化不快,但特别强调网络维护和在线升级。

Ubuntu 是一个基于 Debian 的较新的发行版,它拥有 Debian 所有的优点,并在某些方面有所加强。Ubuntu 的安装非常人性化,其默认的桌面系统既简单又不失华丽。Ubuntu 还被誉为对硬件支持最好、最全面的 Linux 发行版本之一,许多在其他发行版上无法使用的硬件,在 Ubuntu 上可以轻松搞定。此外,Ubuntu 的版本更新周期也较Debian 短。

（3）SuSE。

SuSE 是来自德国的一个 Linux 发行版,2003 年被 Novell 公司收购,并将其定位于构建企业级服务器平台的 Linux 版本。SuSE 运行稳定,拥有强大的技术支持力量,目前已成为 Red Hat 商用 Linux 的最主要的竞争者。SuSE 的安装程序和图形管理工具非常直观易用,即使是没有经验的用户也能在很短的时间内学会使用。

（4）Gentoo。

Gentoo 是一个基于源代码的发行版,它因其高度的可定制性出名:Gentoo 的用户都选择手工编译源代码,生成专为自己定制的系统。Gentoo 适合比较熟悉 Linux 系统的资深用户使用。此外,完整的使用手册以及广受美誉的 Portage 软件在线更新系统也是Gentoo 的出色之处。

（5）Slackware。

Slackware 是最早的 Linux 发行版,它保留了原始的传统,使用基于文本的工具和配置文件,升级也不是很频繁。它的特点是稳定、可靠、简单和敏感。Slackware 在老牌Linux 用户中最为流行,目前仍有很多忠实的老用户。此外,Slackware 拥有一套很大的程序库,其中包括开发应用程序可能需要的几乎每一个工具,是开发自由软件的理想平台。

1.7　Linux 操作系统的特点

Linux 操作系统之所以发展如此迅猛,这与它所具有的良好特点是分不开的。由于 Linux 是通过 Internet 协同开发的,使得其稳定性、健壮性兼备的网络功能非常强大。它也包含了 UNIX 的全部功能和特性。下面从几个方面对 Linux 的特点进行阐述。

1. 免费自由

Linux 是遵循世界标准规范——公共许可证 GPL 的,尤其是遵循开放系统互连(OSI)国际标准。所以它的兼容性非常好,可方便地实现互连。由于 Linux 是免费的操作系统,因此任何人都可对它进行复制、修改和使用。

2. 高效安全稳定

Linux 是 UNIX 操作系统的继承,所以其稳定性好,执行效率也高。除此之外,Linux 还采取了许多安全技术措施,包括对读、写权限控制、审计跟踪、带保护的子系统、核心授权等,这为网络多用户环境中的用户提供了安全保障。由于服务器是长年运行着的,并对安全性要求非常高,所以这个特点非常重要。

3. 可移植性

可移植性是指在 Linux 操作系统中编译的源程序不需要再修改,或只需少量修改,移到另一个平台时它仍然具有能按其自身的方式运行的能力。由于 Linux 操作系统完全遵循 POSIX 标准,所以 Linux 可移植性非常好,能够在从微型计算机到大型计算机的任何环境中和任何平台上运行。

4. 支持多用户和多任务

多用户是指系统资源可以同时被多个用户各自拥有使用,即每个用户对自己的资源有特定的权限,互不影响。Linux 具有多用户的特性。多任务是指计算机同时执行多个应用程序,且每个程序相互独立运行。Linux 系统调度每一个进程,公平地使用微处理器。实际上,从处理器执行一个应用程序中的一组指令到 Linux 调度微处理器再次运行这个程序之间的时间很短,用户是感觉不到的。

5. 集成图形界面

Linux 的传统用户界面是基于文本的命令行界面,也就是 shell,它不仅可以联机使用,又可存在文件上脱机使用。shell 具有很强的程序设计功能,用户可以使用它进行编程,这些程序为用户扩充系统功能提供了更高级的手段。shell 程序可以单独运行,也可以与其他程序同时运行。现在 Linux 也提供了与 Windows 图形界面类似的 X Window 系统,用户可以很方便地利用鼠标、菜单、滚动、窗口条等设施,给用户呈现一个直观、易操作、交互性强的友好的图形化界面。

6. 设备独立性

设备独立性是指应用程序独立于具体的物理设备,Linux 操作系统把所有外部设备统一当作文件来处理,只要安装设备的驱动程序,任何用户都可以像使用文件一样来使用这些设备,而其具体存在形式对用户而言是透明的。

Linux 是具有设备独立性的操作系统,其内核具有高度适应能力,随着更多的程序员加入 Linux 编程,会有更多硬件设备加入到每种 Linux 内核和发行版本中。此外,Linux 的内核源代码是免费的,因此,用户可以修改内核源代码,以便适应新增加的外部设备。

7. 强大的网络功能

在 Linux 网络架构下可以自由地选择在网络领域中的网络协议与功能等,Linux 在通信和网络功能方面更胜于其他操作系统。其他操作系统没有包含如此紧密地和内核结合在一起的连接网络的能力,其网络特性也不灵活。而 Linux 为用户提供了强大的、完善的网络功能。完善的内置网络是 Linux 的一大特点。

Linux 完全免费提供了很多支持 Internet 的软件,在这方面使用 Linux 是非常方便的,用户能用 Linux 与世界上的其他人通过 Internet 网络进行通信。Linux 具有文件传输的网络功能,用户只要通过一些 Linux 命令就能实现网络上的文件传输。Linux 还支持远程访问,Linux 除允许进行文件和程序的传输之外,它还为用户提供了访问其他系统的接口。使用远程访问的功能,用户可以很方便地使用多个系统服务。

1.8　习　　题

1. 什么是操作系统? 它的基本功能是什么?
2. 什么是 GNU 计划? Linux 与 GNU 有什么关系?
3. Linux 系统有哪些特点?
4. Linux 的内核和发行版本之间的关系如何?
5. 通过网络,确定当前最新的 Linux 内核的版本号是多少。
6. Linux 的主要应用领域有哪些?
7. 自己动手安装一个 Linux 系统,可以参考《Linux 操作系统基本原理与应用实训教程》相关章节或其他参考资料。

第 2 章

Linux 的运行模式

在使用 Linux 系统前,首先要安装 Linux 操作系统、了解和掌握一些基本的知识和操作,才能正确高效地使用 Linux 系统。本教材以 Red Hat 公司 Red Hat Enterprise Linux(5.0 以上版本均可)为平台,具体的安装请参考《Linux 操作系统基本原理与应用实训教程》、《Linux 网络服务器配置、管理与实践教程》(第 2 版)或其他参考资料,本书在这里不再重述。

和 Microsoft 开发的 Windows 操作系统一样,Linux 系统也提供了一个图形的用户桌面系统 X Window。在 X Window 中用户同样可以通过使用鼠标对窗口、菜单等进行操作来完成相应的工作。同时 Linux 还继承了 UNIX 系统传统的基于命令行的文本用户环境,使得用户可以在命令行的高效的环境下完成自己的工作。本章主要介绍了 Linux 提供给用户的命令行运行模式。

2.1 Linux 的基本操作

2.1.1 控制台与终端

1. 控制台(console)

它就是我们通常见到的使用字符操作界面的人机接口,直接与系统相连接的终端,也称为控制台,是供系统本地用户使用的终端。

2. 终端(terminal)

终端是指用户用来与系统交互的设备,包括显示器、键盘和鼠标等。每个用户都需要通过一个终端来使用系统。

根据显示模式的不同,终端分为字符终端和图形终端。字符终端只能显示字符界面,接收键盘输入的命令;图形终端可以显示图形界面并支持鼠标操作。根据连接方式的不同,终端又分为本地终端和远程终端;远程终端指用户通过网络或其他通信方式远程地使用系统进入所用的终端,可能是专门的终端机,更多的是 PC。

在实现中,终端可分为物理终端、虚拟终端和伪终端,物理终端是实际存在的终端设置、虚拟终端(virtual terminal)是在物理终端上模拟出来的逻辑上的终端,是将一个物理终端转化为多个可用的终端、伪终端(pseudo terminal)是用软件仿真出来的终端,它不对应任何终端设置,只是一个运行在图形界面中的仿真字符终端界面的应用窗口。

对 PC 来说,一个系统通常只有一个物理控制台,但 Linux 系统切换的方式使其转化为至多 12 个虚拟控制。按切换的逻辑顺序可以将它们编号为 1～12 号控制台,通过组合键 Ctrl＋Alt＋Fn 或 Alt＋Fn 来切换,其中 Fn 为 12 个功能键,对应着 12 个控制台。系统启动时默认在前面几个控制台上启动 1 个图形控制台和 6 个字符控制台,可以根据需要启动后面的其他控制台。

3. 切换控制台界面模式和 X Window 图形界面模式

在 X Window 图形操作界面模式下按 Ctrl＋Alt＋Fn 键或 Alt＋Fn(n＝1～6)就可以进入控制台字符操作界面。

在控制台字符操作界面模式下按 Ctrl＋Alt＋F7 键或 Alt＋F7 键就可以回到刚才的 X Window 模式。

Linux 默认打开 7 个屏幕,编号为 TTY1～TTY7。X Window 启动后,占用的是 TTY7 号屏幕,TTY1～TTY6 仍为控制台字符操作界面屏幕。也就是说,按 Ctrl＋Alt＋F7 键或 Alt＋F7 键或者 Ctrl＋Alt＋Fn 键或 Alt＋Fn 键即可实现模式界面操作的互换。

以上组合键如果不能正常切换,可以使用 Ctrl＋Alt＋Shift＋Fn 键进行。

2.1.2　登录

Linux 系统是一个多用户操作系统,系统的每个合法用户都拥有一个用户账号,包括用户名和口令等信息,任何用户在使用 Linux 系统前必须先登录系统。登录(login)过程就是系统对用户进行认证和授权的过程。登录时,用户必须提供用户名和口令。

安装有图形界面的 Linux 系统启动后会直接进入到 X Window 中,并提示输入用户名和密码登录。第一次登入可能需用创建一个新用户,该用户只是一个普通用户,不能直接进行系统配置。有些时候需要在控制台上登录,则直接输入用户名和密码即可。每个 Linux 系统都有一个特殊用户,称为超级用户。超级用户的用户名是 root。root 具有对系统的完全控制权限,非必要时应避免使用 root 登录。

1. 控制台登录

用字符控制台登录的方法是:将显示屏切换到一个字符控制台,例如按 Alt＋Ctrl＋F1 键或 Alt＋F1 键,如图 2.1 所示,输入用户名和密码进行登录,登录成功后,系统显示 shell 命令提示符,表示用户可以输入命令。

默认的文本界面 shell 提示符有两种:

root 用户登录后的提示符:♯;如图 2.2 所示。

普通用户登录后的提示符:$;如图 2.1 所示。

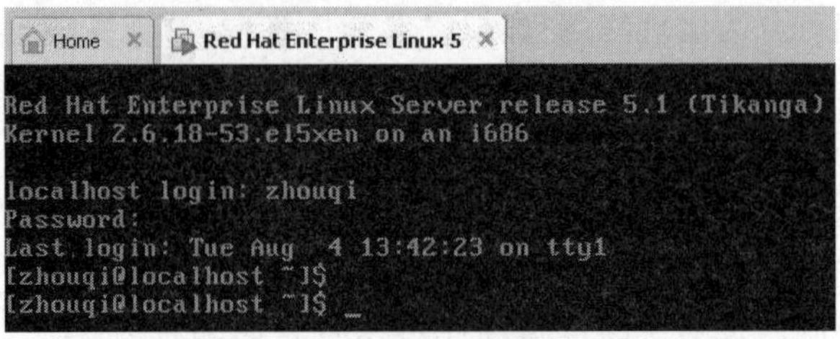

图 2.1 字符控制台登录

图 2.2 X Window 终端

登录后的当前目录是登录用户的主目录。在 X Window 下桌面上将出现该目录的文件夹图标。在文本终端下，以 zhouqi 的用户名登录，shell 将显示：

```
[zhouqi@localhost ~]$
```

～表示的是当前目录名。通常，用户的主目录往往按默认取值与用户名一致。（注意，与 Windows 不同，Linux 区分字母大小写；Linux 系统在输入口令期间，屏幕光标不作反应。）

如果要返回 X Window 桌面按 Alt＋Ctrl＋F7 键或 Alt＋F7 键即可。

2. 远程登录

远程用户可以从远程终端登录到 Linux 系统上。远程登录的用户可以在自己所在的终端上像本地用户一样与系统交互，发布命令、运行程序并得到显示结果。允许远程登录标志 Linux 是一个真正意义上的多用户操作系统。系统可以同时为多个远程的和本地的用户服务。

从 PC 上远程登录 Linux 系统的方法是：使用仿真终端软件（如 putty 等），通过网络给予 Linux 系统建立 ssh 连接，连接后即可看到 Linux 系统的登录提示符 login。

3. 多个用户登录

Linux 提供了六个虚拟终端（TTY1～TTY6）和一个 X Window 图形终端供不同的或相同的用户名登录（按 Ctrl＋Alt＋F*n* 键或 Alt＋F*n* 键）。可按 Ctrl＋Alt＋F1 键或 Alt＋F1 键至 Ctrl＋Alt＋F6 键或 Alt＋F6 键进行切换。

2.1.3　系统注销、关闭与重启

1. 系统注销

系统注销就是终止用户与系统的当前交互过程。在 X Window 下可以找到注销退

出系统的菜单项。在字符控制台界面,用 logout 或 exit 命令或按 Ctrl＋d 键(可能需要多次使用 exit 命令或按 Ctrl＋d 键直至退出)。操作完成后及时退出系统是一个良好的习惯。

2. 系统关机

1) 系统关机用 shutdown,halt 来关闭 Linux 操作系统

作为一个普通用户是不能够随便关闭系统的,因为虽然你用完了机器,可是这时候可能还有其他的用户正在使用系统。因此,关闭系统或者是重新启动系统的操作只有管理员才有权执行。另外 Linux 系统在执行的时候会用部分的内存作缓存区,如果内存上的数据还没有写入硬盘,就把电源拔掉,内存就会丢失数据,如果这些数据是和系统本身有关的,那么会对系统造成极大的伤害。一般,我们建议在关机之前执行三次同步指令 sync,可以用分号“;”来把指令合并在一起执行,如:

```
#sync;sync;sync
```

使用 shutdown 关闭系统的时候有以下几种格式:

shutdown(系统内置 2 分钟关机,并传送一些消息给正在使用的 user)。

shutdown -h now(下完这个指令,系统立刻关机)。

shutdown -r now(下完这个指令,系统立刻重新启动,相当于 reboot)。

shutdown -h 17:30(系统会在今天的 17:30 关机)。

shutdown -h＋20(系统会在 20 分钟后关机)。

如果在关机之前,要传送信息给正在机器上的使用者,可以加“-q”的参数,则会输出系统内置的 shutdown 信息给使用者,通知他们离线。

2) 用 halt 命令来关闭 Linux 系统

输入 halt,系统就会开始进入关闭过程,其效果和 shutdown -h now 是完全一样的,笔者每次关机的时候都是用 halt 命令。

3. 系统重启

系统重启 reboot 命令,是用来重新启动系统的。当你输入 reboot 后,你就会看到系统正在将一个一个的服务都关闭掉,然后再关闭文件系统和硬件,接着机器开始重新自检,重新引导,再次进入 Linux 系统。

4. 远程启动(维护)

常用于远程维护用户在终端界面下的关机或重启命令(常用于远程维护):

init 0 关机

init 6 重启

2.1.4　修改口令(密码)

用户在初次使用系统时,一般是超级用户为其设置的初始口令登录。登录后应及时修改口令。为安全起见,用户还应定期修改登录口令。应具有一定长度的复杂性,使其不易破解。在 X Window 下,可以在系统菜单中找到修改口令的界面。在字符控制台界面修改口令使用 passwd 命令,如图 2.3 所示。

图 2.3　字符控制台 passwd

2.2　常用的文本工具

2.1 节介绍了进入文本模式的方式,以下文本模式和图形模式间的切换也可参考操作。

图形模式启动后,如果希望转入文本模式,可以在终端命令提示符下使用 init 3 命令,随后,系统给出文本的登录提示符:"Login:"。用户输入账号和口令后就可以进入文本模式。在文本模式下可以使用 init 5 或 startx 来启动图形用户模式,系统会给出登录界面,用户可以使用自己的账号和口令登录系统。

Linux 的文本环境功能非常强大,很多工具必须在命令行模式下完成,如应用程序的编译安装。文本模式的命令非常丰富,下面介绍几类常用命令。

2.2.1　磁盘管理

对于系统用户来说,为了合理安排磁盘空间,需要随时了解当前磁盘的使用情况。有时候还需要格式化磁盘、调整磁盘空间,基于磁盘管理的所有操作在 Linux 中都有相应的命令。

1. df 命令

用于检测文件系统的磁盘空间占用和空余情况,可以显示所有文件系统对节点 i 和磁盘块的使用情况。命令的使用格式如下:

df [选项]

常用参数及含义如表 2.1 所示。

表 2.1　df 常用的参数及含义

参　数	含　义
-a	显示所有文件系统的磁盘使用情况
-k	以 k 字节为单位显示
-t<fs>	显示各指定文件系统的磁盘空间使用情况
-T	显示文件系统

例 2.1：

```
[root@localhost ~]#df -a
```

用于显示系统中所有文件卷的使用情况，包括虚拟的文件卷。

例如：

```
[root@localhost ~]#df -T
```

df -T 用于显示文件系统的使用情况，不包括虚拟的文件卷。

其命令结果如图 2.4 所示。

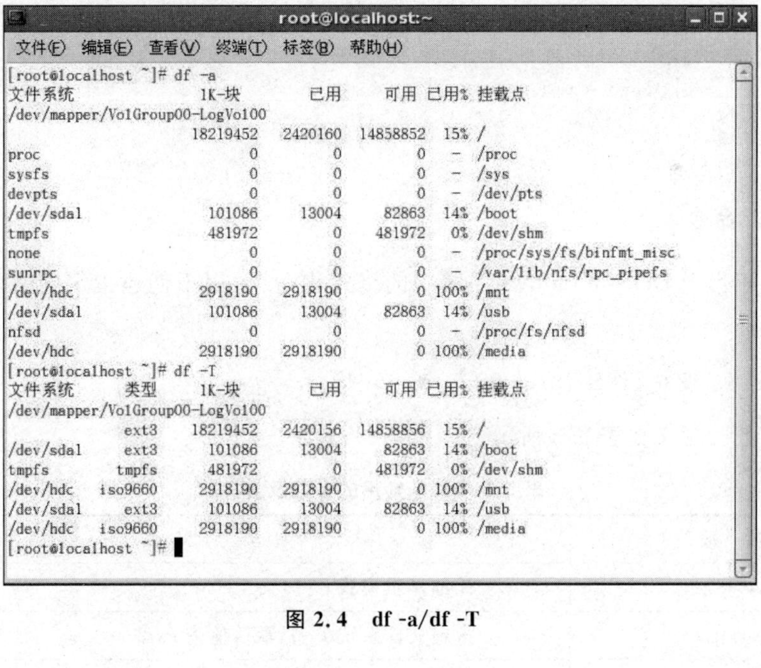

图 2.4　df -a/df -T

2. du 命令

用于统计目录或文件所占磁盘空间的大小，该命令的执行结果与 df 类似，du 更侧重于磁盘的使用状况。该命令的使用格式如下：

```
du [选项] 目录或文件名
```

常用参数及含义如表 2.2 所示。

表 2.2　du 常用的参数及含义

参数	含　义
-a	递归显示指定目录中各文件和子目录中文件占用的数据块
-s	显示指定文件或目录占用的数据块
-b	以字节为单位显示磁盘占用情况
-l	计算所有文件大小,对硬链接文件计算多次

例 2.2:

```
[root@ localhost ~]#du
```

执行结果,不带参数时,检查当前目录,如图 2.5 所示。

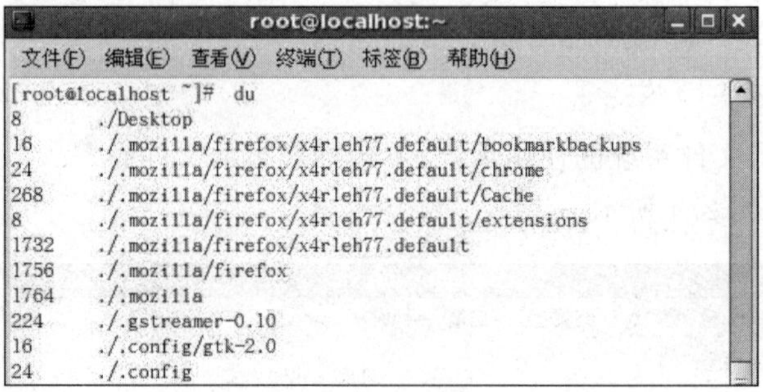

图 2.5　不带参数 du

3. mkfs 命令

该命令相当于 DOS/Windows 系统中的格式化命令,用于创建指定的文件系统。使用格式如下:

```
mkfs [选项] 设备文件名 [blocks]
```

常用参数及含义如表 2.3 所示。

表 2.3　mkfs 常用的参数及含义

参　数	含　义
-V	详细显示模式
-t<.fs>	指定文件系统类型,默认值为 ext2
-c	在创建文件系统的同时,进行磁盘坏块检查
blocks	文件系统块的大小

4. mount 和 umount 命令

在文本模式下,如果需要使用 CD-ROM 或者 U 盘,此时就要首先使用 mount 命令将它们挂接到系统中,使用完毕后还要使用 umount 命令卸载。命令的使用格式如下:

mount [选项] 设备文件名 挂接点

umount 设备文件名或挂接点

mount 常用参数及含义如表 2.4 所示。

表 2.4　mount 常用的参数及含义

参　数	含　义
-a	挂接/etc/fstab 文件中的所有设备
-L<label>	加载文件系统标签为<label>的设备
-r	以只读方式挂接设备
-t<fs>	指定设备的文件系统类型,取值有 ext3fs、ntfs、vfat 等
-w	以可读写模式加载设备,默认设置

例 2.3:加载 cd-rom 到/mnt 下,然后卸载。执行结果如图 2.6 所示。

[root@localhost ~]#mount -t iso9660 /dev/cdrom /mnt

[root@localhost ~]#umount /mnt

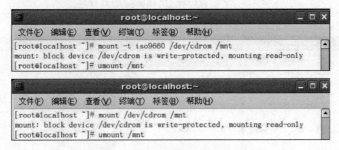

图 2.6　加载/卸载光驱(两种方法)

说明:加载/卸载光驱可以简化为如下操作:

[root@localhost ~]#mount /dev/cdrom /mnt

[root@localhost ~]#umount /mnt

结果如图 2.6 所示。

2.2.2　查看进程信息

进程是一个具有一定独立功能的程序关于某个数据集合的一次运行活动。它是操作系统动态执行的基本单元,在传统的操作系统中,进程既是基本的分配单元,也是基本的执行单元。Linux 是一个多任务的操作系统,通过 CPU 在各个任务之间进行时间片轮转实现。

可以使用如下的命令来查看系统进程的详细情况。这些命令需要管理员的身份才能使用。

1. ps 命令

该命令可以查看进程的详细状况,使用格式如下:

ps [选项]

常用参数及含义如表 2.5 所示。

例 2.4:在终端命令提示符下执行 ps -aux 或 ps aux 命令后,执行结果如图 2.7 所示。

表 2.5　ps 常用的参数及含义

参　　数	含　　义
-a	显示终端上的所有进程,包括其他用户的进程
-u	显示进程的详细状态
-x	显示没有控制终端的进程
-w	显示加宽,以便显示更多的信息
-r	只显示正在运行的进程

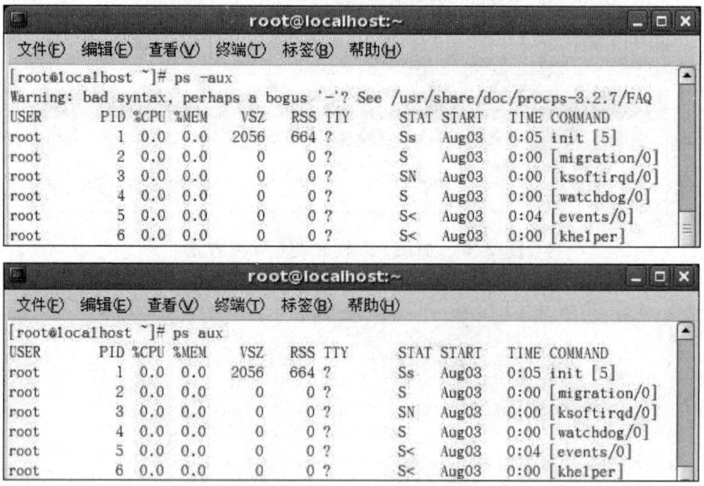

图 2.7　ps -aux 或 ps aux

```
[root@localhost ~]#ps -aux
[root@localhost ~]#ps aux
```

程序执行的结果中,共 11 个字段,各字段的含义如下:

USER 字段——进程的属主。

PID 字段——进程号 PID。

%CPU 字段——进程的 CPU 占用率。

%MEM 字段——进程内存占用率。

VSZ 字段——虚拟内存占用量。

RSS 字段——物理内存占用量。

TTY 字段——运行进程的终端号。

STAT 字段——进程状态。

START 字段——进程的启动时间。

TIME 字段——进程消耗的 CPU 时间。

COMMAND 字段——启动进程的命令参数。

其中,进程状态,即 STAT 字段,可显示内容如下:

D——不可中断的睡眠状态。

R——正在运行中。

S——处于休眠状态。

T——停止或被追踪。

<——高优先级的进程。

N——低优先级的进程。

W——进入内存交换(从内核 2.6 开始无效)。

X——死掉的进程。

Z——僵尸进程。

2. top 命令

该命令用来动态显示运行中的进程。与 ps 命令类似,都是用来显示当前系统中正在运行的进程。但是 top 命令能够在运行后,在指定的时间间隔更新显示信息,可以在使用 top 命令时加上 -d <interval> 来指定显示信息更新的时间间隔。

例 2.5:

```
[root@localhost ~]#top
```

结果如图 2.8 所示。

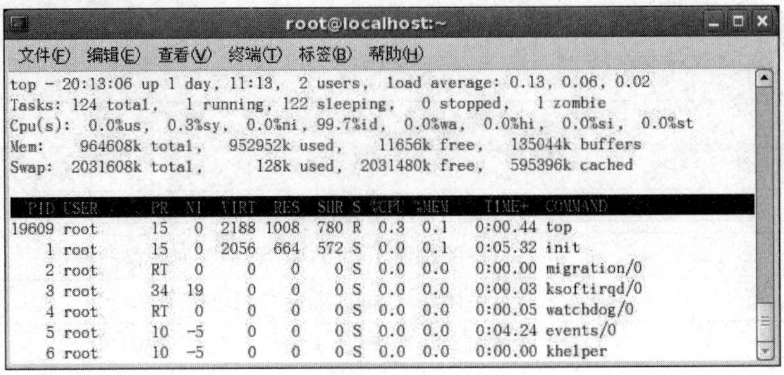

图 2.8　top 命令

在 top 命令执行后,可以按下按键得到对显示的结果进行排序:

M 键——根据内存使用量来排序。

P 键——根据 CPU 占有率来排序。

T 键——根据进程运行时间的长短来排序。

U 键——可以根据后面输入的用户名来筛选进程。

K 键——可以根据后面输入的 PID 来杀死进程。

q 键——退出。

h 键——获得帮助。

2.2.3 关机命令

前面已简单介绍了关机命令,下面详细介绍。在 Linux 的文本模式下,可使用下列命令进行系统的注销和关机。

1. logout 命令

该命令用于系统的注销,直接在命令提示符下输入该命令即可,也可以使用 Ctrl+D 键来实现。

```
[root@ localhost ~]#logout
```

2. halt 命令

默认的 halt 命令可以结束 Linux 当前所有正在运行的程序,停止所有设备,系统进入等待用户切断电源的状态。在 Linux 系统中绝对禁止在没有进行关机程序而直接切断主机电源。命令格式如下:

```
halt [选项]
```

常用参数及含义如表 2.6 所示。

表 2.6　halt 常用的参数及含义

参　数	含　义
-d	关闭系统前,不回写缓冲区 /var/log/wtmp
-f	强制关闭系统
-h	停止所有设备,等待用户关闭系统,默认选项
-i	关闭系统之前,先断开网络设备
-n	在关机前不做将内存资料写回硬盘的操作
-p	关闭系统,同时断开主机电源
-w	回写缓冲区,而不关闭系统

3. poweroff 命令

默认情况下,该命令用于回写缓冲区,并关闭系统,同时断开主机电源。命令格式如下：

poweroff [选项]

常用参数及含义如表 2.7 所示。

表 2.7　poweroff 常用的参数及含义

参　　数	含　　义
-d	关闭系统前,不回写缓冲区/var/log/wtmp
-f	强制关闭系统
-h	停止所有设备,等待用户关闭系统,默认选项
-i	关闭系统之前,先断开网络设备
-w	回写缓冲区,而不关闭系统

4. init 0 命令

命令 init 0 也可以实现关闭系统,同时断开主机电源,因为在 inittab 文件中,定义了运行级别 0 为停机。

5. reboot 命令

reboot 命令可以用于重新启动 Linux 系统,格式如下：

reboot [选项]

常用参数及含义如表 2.8 所示。

表 2.8　reboot 常用的参数及含义

参　　数	含　　义
-d	系统重启前,不回写缓冲区/var/log/wtmp
-f	强制重启系统
-i	关闭系统之前,先断开网络设备
-w	回写缓冲区,而不重启系统

6. shutdown 命令

该命令的功能强于上面给出的 halt 等命令,它可以实现系统注销、关机和重新启动。命令格式如下：

shutdown [选项]

常用参数及含义如表 2.9 所示。

表 2.9 shutdown 常用的参数及含义

参　数	含　义
-t＜secs＞	设定在几秒钟之后进行关机程序
-k＜msg＞	并不真正关机,只是将警告信息传送给所有用户
-h	关闭系统,断开主机电源
-c	取消目前已经进行中的关机动作
-f	关机时不进行 fcsk 文件系统检查

2.2.4　压缩管理

1. zip 和 unzip 命令

zip 格式是广泛使用的压缩格式,被普遍使用在多种操作系统中,在 Linux 中使用 zip 压缩工具可以生成 .zip 格式的压缩文件。其解压的工具为 unzip。zip 工具的使用格式如下:

zip [选项] 压缩文件 被压缩文件…

常用参数及含义如表 2.10 所示。

表 2.10　zip 常用的参数及含义

参　数	含　义
-b＜wdir＞	指定暂时存放文件的目录
-d＜fname＞	从压缩文件内删除指定的文件
-F	尝试修复已损坏的压缩文件
-L	显示版权信息
-＜zipnum＞	压缩效率是一个介于 1~9 的数值 zipnum

例 2.6:请将 share 目录下的 abc 开头的所有文件压缩形成 abc.zip 文件。执行结果如图 2.9 和图 2.10 所示。

```
[root@ localhost ~]#cd /share
[root@ localhos share]#ls
[root@ localhost share]#zip -4 abc.zip abc *
[root@ localhost share]#ls
```

说明:如果 share 没有 abc 文件,请先在此文件夹下建立至少一个 abc 文件。通过以上操作可以看到 share 目录下有 abc 文件。通过 zip -4 abc.zip abc * 后,可以确认有一个 abc.zip 文件。

unzip 命令的使用格式如下:

unzip [选项] 压缩文件

图 2.9　压缩 abc. zip

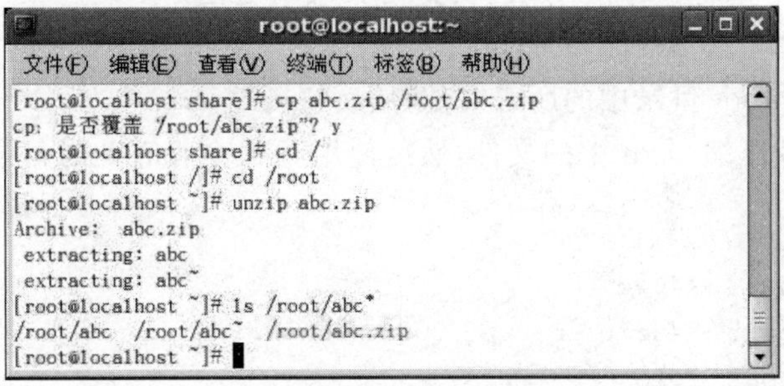

图 2.10　解压缩 abc. zip

常用参数及含义如表 2.11 所示。

表 2.11　unzip 常用的参数及含义

参　数	含　义
-x<fname>	解压时,排除特定的文件 fname
-f<fname>	更新现有的文件 fname
-Z	查看压缩文件的详细信息,而不解压
-l	查看压缩文件中包含的文件信息,而不解压

例 2.7：请将上例压缩文件 abc. zip 复制到/mnt 目录下并解压。执行结果如图 2.10 所示。

```
[root@ localhost share]#cp abc.zip /root/abc.zip
[root@ localhost share]#cd /
[root@ localhost /]#cd /root
[root@ localhost ~]#unzip test.zip
[root@ localhost ~]#ls /root/abc *
```

2. gzip 和 gunzip 命令

gzip 是 Linux 常用的压缩命令,生成的压缩文件格式是. zip,可以使用 gunzip 来解压。该压缩格式与 zip 不同的在于 gzip 无法实现对多个文件压缩成一个 gzip 文件,因此该命令通常与 tar 命令一起使用。zip 常用的格式如下：

gzip [选项] 被压缩文件

常用参数及含义如表 2.12 所示。

表 **2.12**　**gzip 常用的参数及含义**

参　数	含　义
-d	对文件进行压缩
-f	强行压缩文件
-r	查找指定目录并压缩或解压缩其中所有的文件
-t	检查压缩文件是否完整

例 2.8：压缩/root 目录中的所有文件,然后解压缩。

使用 gzip 命令压缩/root 中的文件,然后使用 ls 命令查看此时目录中的文件信息,如图 2.11 所示。

```
[root@localhost ~]#pwd
[root@localhost ~]#gzip -r*
[root@localhost ~]#ls
```

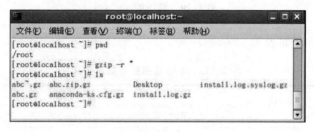

图 **2.11**　**gzip**

gunzip 不但可以解压缩.gz 格式的压缩文件,也可以解压缩 zip、compress 等命令压缩的文件。gunzip 命令常用的格式如下：

gunzip [选项] 压缩文件

常用参数及含义如表 2.13 所示。

表 **2.13**　**gunzip 常用的参数及含义**

参　数	含　义
-l	查看压缩文件中包含的文件信息,而不解压
-f	强行解压缩文件
-r	查找指定目录并解压缩其中所有的文件
-t	检查压缩文件是否完整

例 2.9：压缩/root 目录中的所有文件,然后解压缩。

在上例中,使用 gunzip 命令解压缩,完成后使用 ls 命令查看目录中的文件信息,如

图 2.12 所示。

```
[root@localhost ~]#gunzip -r *
[root@localhost ~]#ls
```

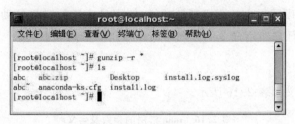

图 2.12 gunzip

说明：tar 命令的使用在后面章节详细阐述。

3. bzip2 和 bunzip2 命令

bzip2 是 Linux 系统中另一个压缩工具，该命令压缩的文件后缀为 . bz2，可以使用 bunzip2 工具来解压，但是 bzip2 不能将多个文件压缩成一个文件，因此，bzip2 工具通常也与 tar 工具一起使用，用来打包压缩内核文件和内核的补丁文件。bzip2 命令常用的格式如下：

bzip2 [选项] 被压缩的文件

常用参数及含义如表 2.14 所示。

表 2.14 bzip2 常用的参数及含义

参　数	含　义
-d	对文件进程压缩
-k	压缩文件，并保留原文件
-r	查找指定目录并压缩或解压缩其中所有的文件
-t	检查压缩文件是否完整
-z	强制进行压缩

bunzip2 命令常用的格式如下：

bunzip2 [选项] 需解压文件

常用参数及含义如表 2.15 所示。

表 2.15 bunzip2 常用的参数及含义

参　数	含　义
-f	解压缩时强制覆盖现有文件
-k	压缩文件，默认删除原文件，该参数保留原文件
-v	解压缩时，显示详细信息

说明：tar 命令的使用将在后面章节详细阐述。

2.2.5　联机帮助命令

在 Linux 中提供了强大的联机帮助功能，使用最广泛的联机帮助命令是 man。man 命令主要用于显示任何给定命令的在线帮助。常用的格式如下：

man [选项] 命令名

常用参数及含义如表 2.16 所示。

表 2.16　man 常用的参数及含义

参　　数	含　　义
-S<section>	指定 man 命令的章节列表
-a	显示所有 man 的帮助页
-f	只显示命令的功能而不显示详细的手册内容
-w	只显示帮助文件的位置

在通常使用 man 命令的时候，不用携带选项，即可直接查询命令帮助手册获得查询命令准确的用法，man 命令为了方便用户查看帮助手册，设置了如下的功能键，如表 2.17 所示。

表 2.17　man 查看帮助手册时常用的功能键

功能键	功　　能	功能键	功　　能
空格键	显示手册页的下一屏	q	退出 man 命令
Enter 键	一次滚动手册页的一行	h	列出所有功能键
b	回滚一屏	/word	搜索 word 字符串
f	前滚一屏		

2.3　文本编辑器 vi 的使用

编辑器是使用计算机的重要工具之一，Linux 为了方便各种用户在不同的环境下使用，提供了一系列的编辑器，包括 gedit、emas 和 vi 等，其中 gedit 和 emacs 是 X Window 下的编辑器，vi 可以运行于命令行模式。目前使用人数最多的就是 vi 编辑器。

2.3.1　vi 概述

Linux 提供的全屏编辑器 vi 启动快，且支持鼠标，能够胜任所有的文本操作，使得用户的文本编辑更加轻松。在 Linux 操作系统中使用 vi 编辑器来处理文件的时候，会先将文件复制一份到内存缓冲区(buffer)。vi 对文本文件的编辑都会首先直接修改缓冲区的内容,再使用 w 命令后,才将 buffer 中的内容回写到磁盘文件。

vi 有输入和命令两种工作模式。输入模式用于输入模式。命令模式则是用来运行一些编排文件、存档以及离开 vi 等操作命令。当执行 vi 后,首先进入命令模式,此时输入的任何字符都被视为命令。vi 主界面如图 2.13 所示。

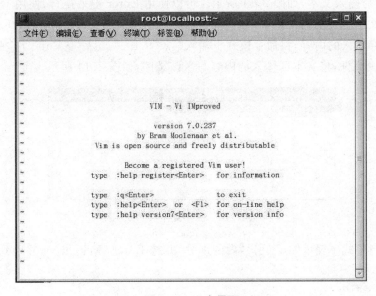

图 2.13　vi 主界面

在屏幕的左上方的是光标,在它下面是～符号,这些符号中的内容是不会被存入文件的。整个～符号标志的区域就是文本的输入区域,最底下的一行显示了在命令模式下输入的命令或是当前编辑的文本的信息。图 2.13 中还显示了 vi 版本的信息,并说明 vi 是免费的。

vi 有两种工作模式:命令模式和输入模式。进入 vi 时默认的模式就是命令模式。在命令模式下,用户所有的输入都被解释成命令,并显示在最下面一行,而不会输入到屏幕的文本输入区域(就是～符号所在的区域)。

在命令模式下,可以使用如下的两个键进入文本输入模式:

a——在当前的光标后面添加文本。

A——在当前光标所在行的行尾添加文本。

i——在当前的光标前面添加文本。

I——在当前光标所在行的行首添加文本。

o——在当前光标所在行的下方添加一行,并且在新加行的行首添加文本。

在输入模式下如果用户希望回到命令模式的时候,只能在输入模式下使用 Esc 键切换到命令模式,之后会在屏幕底部出现光标等待输入命令。

2.3.2 使用 vi 编辑文档

1. 新建一个文档

在 Linux 的终端命令主提示符下输入 vi 后可以打开其主界面,然后按下 a 键,进入输入模式,然后输入文本,如图 2.14 所示。可以使用 Enter 键来换行,使用 Backspace 键删除前面的文字。文本输入完成以后,按下 Esc 键切换到命令模式。

为了保存输入的内容,在命令模式下输入“:w vi_file”,然后按 Enter 键,此时 vi 会新建一个 vi_file 文件,将文本区输入的内容写入该文件,如图 2.14 所示。

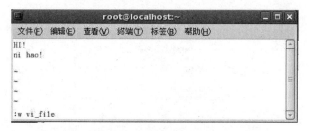

图 2.14 保存文件 vi_file

在命令行模式下输入“:q”(引号内的部分)并按 Enter 键,退出 vi,并回到 shell 命令提示符。

2. 打开一个文件

使用 vi 打开文件的方法很简单,在 vi 命令后面跟上文件名,然后按 Enter 键即可,如:

```
[root@ localhost ~]#vi vi_file
```

由于没有指定路径,vi 程序在默认的路径,即当前目录中查找 vi_file,用户也可以为其指定路径。如果 vi_file 文件不存在,此时会新建一个 vi_file 文件。如果 vi_file 确实存在,就会被读入缓冲区,并在屏幕上显示出来,如图 2.15 所示。

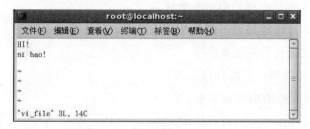

图 2.15 用 vi 打开 vi_file 文件

此时,会在底部的状态行显示“"vi_file"3L,14C”,表示 vi_file 已被读入缓冲区,共 3 行 14 个字符。按下 a 键进入输入模式。

如果用户此时按下的是 i 键,也会进入输入模式,但是这两种方式是有区别的:a 表示在当前光标后面插入文字；i 表示在当前光标前面输入文字。

3. 打开多个文件

vi 能够在同一个窗口中一次打开多个文件，打开多个文件的方法是在终端的命令主提示符下输入：

```
[root@localhost ~]#vi vi_file vi_test
```

在输入上述命令后按 Enter 键，vi 将第一个文件 vi_file 读入缓冲区，用户可以在终端中输入":next"以编辑下一个文件，这里是 vi_test。此时 vi 虽然同时打开了多个文件，但是某一时刻却只能编辑一个文件。在命令模式下输入":previous"或":prev"可以切换到前一个文件。

vi 还可以在多个窗口中打开多个文件，不过需要给 vi 程序传递一个参数-o。

4. vi 的撤销功能

和很多基于图形的编辑器一样 vi 也提供撤销功能，对于一个编辑器来说，提供撤销功能是必要的。用户可以在命令模式下输入":u"后按 Enter 键，就可以撤销上一次操作。

在 vi 中，撤销功能每一次撤销的是自上次存盘到现在输入的内容，因此撤销能够恢复到最原始的状态，但是此时用户不能使用":q"命令来退出 vi，因为此时用户已经修改了缓冲区的内容。如果确实需要退出 vi 程序，可以使用在命令模式下":q!"。

5. 移动光标

光标所在的位置就是用户输入或删除时的位置。在 vi 中提供了多种移动光标的方法，主要利用方向键，也可使用键盘上 vi 定义的一些普通键。

1）方向键

使用方向键是最基本的光标移动方法，大多数系统都支持光方向键。如果光标已经移动到了屏幕的尽头，用户再按下方向键时，就会听到系统的警告声，而光标在原地不动。

2）其他键

在命令模式下，vi 还支持使用其他键来移动光标。在早期很多终端还没有方向键，因此，vi 提供了一些普通按键来移动光标。表 2.18 介绍了移动光标所用的按键及其作用。

表 2.18　vi 提供的移动光标的按键

按　　键	功　　能
h	向左移动一个字符
l	向右移动一个字符
j	向下移动一行
k	向上移动一行
b	将光标移动到当前单词的第一个字母
e	将光标移动到当前单词的最后一个字母

按　　键	功　　能
空格	光标向右移动一个字符
Backspace(退格键)	光标向左移动一个字符并删除字符
Enter 或＋	将光标移动到下一行行首
－(减号)	将光标移动到上一行行首
$	将光标移动到当前行的行尾
Shift＋h	将光标移动到屏幕的第一行
Shift＋m	将光标移动到屏幕上中间的一行
Shift＋l	将光标移动到屏幕上最后一行
Ctrl＋b	将光标向下移动一屏
Ctrl＋f	将光标向上移动一屏

2.3.3　删除和查找

1. 删除

在 vi 的输入模式下,用户可以使用 Backspace(退格键)来删除光标前面的内容,还可以使用 Delete 键来删除当前的字符。此外,在 vi 的命令模式下还提供了几个按键用来删除一个字符或进行整行删除,其热键及其功能如表 2.19 所示。

表 2.19　vi 用于删除的热键

按　　键	功　　能
x	删除当前光标所在的字符
dw	删除光标所在单词字符至下一个单词开始几个字符
d $ 或 Shift＋d	删除从当前光标至行尾的所有字符
d d	删除光标所在的行

表中所述的 dw 表示先按下 d 键,再按下 w 键。此外,用户还可以在删除的时候指定要删除的行及字符的数量。其用法如下:

3x——表示删除从当前光标所在位置开始,向后的 3 个字符。

4 d d——表示删除从光标所在的行开始连续向后的 4 行。

vi 提供了以行号表示范围的删除方法,在命令模式下输入 set number 或 set nu 以显示行号,再按如下的语法输入删除命令:

start_num,end_num d

其中 start_num 和 end_num 分别表示开始行号和结束行号,以 start_num 开始和 end_num 结束的行都将被删除。

例 2.10:删除第 5 行到第 8 行的内容,可以使用:

```
:5,8 d<Enter>
```

命令输入结束后,vi 会在状态行中显示被删除的行数。

2. 查找

在 vi 中同样提供了丰富的字符串查找功能,用户可以进行从当前光标的位置开始向前和向后的字符串查找操作,还可以重复上一次的查找。

表 2.20 给出了 vi 中常用的查找命令。在 vi 的查找中可以使用匹配查找,使用"."代表一个任意字母。如使用":/p.ol"可以找到"pool"字符串。

表 2.20　vi 的查找命令

热　键	功　　能	热　键	功　　能
?字符串	从当前光标位置开始向后查找字符串	n	继续上一次查找
/字符串	从当前光标位置开始向前查找字符串	Shift+n	以相反的方向继续上一次查找

另外,vi 的字符串查找是区分大小写的,即"Special"和"special"不同。

2.3.4　vi 的环境设置

在 vi 编辑器中有很多环境参数可以设置,通过环境参数的设置,可以增加 vi 的功能。这里仅介绍 vi 常用的参数,这些参数可以在 vi 的命令模式下使用,或在/etc/vim/vimrc 中设置,vi 启动时就会使用 vimrc 中的参数来初始化 vi 程序。

vi 程序的常用参数及设置方法如下:

set ai 或 set autoindent——每一行的开头都与上一行的开头对齐。

set nu 或 set number——在编辑时显示行号。

set dir=./——将交换文件.swp 保存在当前目录。

set sw=4 或 set shiftwidth=4——设置缩进的字符数为 4。

syntax on——开启语法着色。

说明:其中 set 命令是用来设置这些参数的。

2.4　应用软件的安装

2.4.1　使用 rpm 工具安装应用软件

在 Linux 中应用程序和附加升级包可以以源代码或二进制程序的方式提供,所以有多种提供软件包的方法,常用的有 rpm 和 tgz 包提供。因此,常用的应用软件的安装方法也有两种:一种是使用 rpm 工具安装,另一种是编译安装。

Linux 提供了 RedHat 软件包管理工具 rpm(RedHat Package Manager)程序来管理应用程序的安装和卸载。它是一种软件打包发行并且实现自动安装的程序,需要用 rpm

程序安装的软件包,其后缀是.rpm,并可以对这种程序包进行安装、卸装和维护。rpm 命令的使用格式如下:

rpm [选项] [软件包名]

常用的参数及含义如表 2.21 所示。

表 2.21 rpm 参数及含义

参 数	含 义
-i	指定安装的软件包
-h	使用 ♯ 显示详细的安装过程及进度
-v	显示安装的详细信息
-U	升级指定的软件包
-q	查询系统是否已安装指定的软件包
-a	查看系统已安装的所有软件包
-V	查询已安装的软件包的版本信息
-qf<fname>	查询指定文件所属的软件包

以当前目录下的 samba-common-3.0.0-i386.rpm 软件包为例讲述 rpm 工具的使用。所有的命令都在 Linux 的文本模式或终端中使用。

1. 安装软件

```
[root@localhost ~]#rpm -ivh samba-common-3.0.0-i386.rpm
```

其中,参数-i 指定安装的软件包,包括名称、描述等。-v,以详细列表输出信息。-h,显示安装进程。

注意:软件包名为全名。

2. 卸载软件

```
[root@localhost ~]#rpm -ef samba-common
```

其中,参数-e 表示卸载软件,-f 和-e 一起使用表示强制卸载软件包。

注意:在卸载软件包的时候无须完整的软件包名称。

3. 升级软件

```
[root@localhost ~]#rpm -Uvh samba-common-3.0.0-i386.rpm
```

其中,参数-U 表示升级软件包。

4. 查询特定的软件包

```
[root@localhost ~]#rpm -q samba-common
```

其中,参数-q 表示查询系统当前是否安装了指定的软件包。

5. 查看系统所有的软件包

```
[root@localhost ~]#rpm -a
```

其中,参数-a 表示显示系统已经安装的所有软件包。

2.4.2　编译安装应用软件

(1) 要编译软件必须获得该软件的源代码包。通常,这些源代码包,都是以.tgz、.tar.gz 或.tar.bz2 等后缀结束,这些都是.tar 的压缩格式,可以分别使用如下的方法解开。

.tar.gz 和.tgz 使用如下的命令:

```
[root@localhost ~]#tar zxvf bbs2www_2.01.tar.gz
```

.tar.bz2 使用下面的命令:

```
[root@localhost ~]#tar jxvf bbs2www_2.01.tar.bz2
```

(2) 此后获得软件包的源代码,进入 bbs2www_2.01 目录,然后执行如下的命令:

```
[root@localhost ~]#./configure
```

(3) configure 脚本命令用于生成 Makefile 文件,大部分应用程序源代码的 configure 脚本都有参数,我们可以查看帮助来获得相应的参数信息。然后执行下列命令:

```
[root@localhost ~]#make
```

(4) 该命令能自动编译所有源代码。在编译完成后,可以执行自动安装程序,安装编译出来的软件版本,从而完成编译安装的过程。

```
[root@localhost ~]#make install
```

注意: 大部分源代码在编译后,目标程序的默认安装路径是/usr/local,相应的配置文件位置在/usr/local/etc 或/usr/local/***/etc 中。

2.5　习　　题

1. 简述切换控制台界面模式和 X Window 图形界面模式的基本操作。
2. 写出加载 cd-rom 到/share 下,然后卸载的操作文本。
3. 写出系统会在今天的 20:30 关机和在 20 分钟后关机的操作文本。
4. 使用 vi 新建一个 wengjiang_88 文件,保存退出,然后打开此文件,最后删除的相关操作文本。
5. 使用 rpm 安装一个软件包(自定)并强制卸载软件包的操作文本。

第 3 章

chapter 3

Linux 文件和磁盘系统

文件系统是操作系统的重要组成部分,通过对文件系统的管理,操作系统可以方便地存取所需的数据。Linux 系统中所有的程序、语言库、系统文件和用户文件都是存放在文件系统之上的,可靠性和安全性是文件系统的重要因素。本章围绕与文件系统管理有关的各个方面展开叙述,分别介绍磁盘分区的管理,Linux 文件系统的建立、挂载与管理、文件的基本操作,以及文件存取权限的管理等方面的内容。

3.1　Linux 文件系统

文件系统是 Linux 系统上所有数据的基础。Linux 系统是一种兼容性很强的系统,它支持多种文件系统,包括 vfat、NTFS、ext2、ext3 等。其中 vfat 文件系统支持读写操作,而 NTFS 文件系统仅支持读操作。

3.1.1　文件系统简介

文件系统是操作系统设计所需解决的一个重要的问题,下面将介绍文件系统的相关概念。

1. 什么是文件系统

文件系统是操作系统在硬盘或者分区上保持文件信息的方法和数据结构,也就是文件在硬盘或分区上的组织结构方式,也指用于存储文件的磁盘、分区或文件系统种类。简单地讲,文件系统是指按照一定规则组织的文件结构,用于管理机器上的文件和目录,使之能够被有效地存取。

在操作系统中,每个文件和目录都被指定了一个文件名,用户按文件名存取文件,而实际上,文件和目录在磁盘中是按照柱面、磁道等物理位置存放的,文件系统能够将操作系统对文件的按名存取转化成按磁盘的物理位置进行读写。

2. 常见的文件系统

不同的操作系统文件系统的类型一般也不尽相同,常见的有如下几种文件系统。

（1）vfat 文件系统：分为 FAT 和 FAT32 两种，是微软 Windows 9x/2000/XP/Vista 及 NT 操作系统常用的文件系统，该文件系统对 DOS 文件系统进行了扩展，提供了对长文件名的支持。

（2）NTFS 文件系统：是微软 Windows NT 起开始使用的文件系统，Windows 2000/Windows XP/Windows 2003 和 Vista 都推荐使用这种文件系统。它除了支持文件权限、压缩、加密以及磁盘限额等功能外，还增加了对文件系统日志的支持，能够在操作系统出现故障时，通过日志恢复用户存储在文件系统中的数据，从而最大程度地保证用户数据的安全。在 Linux 中，可以通过重新编译内核的方式提供对 NTFS 文件系统的支持，但目前只支持对该文件系统的只读访问。

（3）ext2 文件系统：是一种高效的文件系统，支持长达 255 个字符的长文件名。由于它不支持文件系统的日志，而且内存数据在回写到文件系统时通常都存在延时，所以使用这种文件系统时，需要及时在内存和磁盘之间进行数据的同步操作，否则容易造成用户数据的丢失。该系统可以很方便地升级为 ext3 文件系统。

（4）ext3 文件系统：是 ext2 文件系统的增进版本，ext3 文件系统继承了 ext2 系统的高效性，增加了文件系统的日志功能，保证了文件系统的可用性，增加了对文件的完整性保护。在操作系统意外断电或崩溃时，ext3 能够利用日志功能快速恢复系统数据。ext3 是现在大部分 Linux 系统默认的文件系统类型。

Linux 系统是一种对文件系统兼容性很强的操作系统，它能够支持多种文件系统，支持对 FAT、FAT32 读写访问，支持对 NTFS 的只读访问。

3.1.2　Linux 文件系统

和 Windows 操作系统类似，所有 Linux 的数据都是由文件系统按照树状目录结构管理的。而且 Linux 操作系统同样要区分文件的类型，判断文件的存取属性和可执行属性。下面将介绍 Linux 的文件系统结构以及 Linux 文件系统的建立、挂载与管理等相关知识。

1．Linux 的文件系统结构

在 Windows 操作系统中，主分区与逻辑分区被称为驱动器，会被分配一个驱动器盘符（如 C 盘、D 盘、E 盘），每个驱动器都有自己的根目录结构，这样形成了多个树并列的情形。

与 Windows 相类似，Linux 也采用了树状结构的文件系统，它由目录和目录下的文件一起构成。但 Linux 文件系统不使用驱动器这个概念，而是使用单一的根目录结构，所有的分区都挂载到单一的"/"目录上，其结构如图 3.1 所示。

其中，"/"目录也称为根目录，位于 Linux 文件系统目录结构的顶层，必须使用 ext 文件系统。如果还有其他分区，必须挂载到"/"目录下某个位置。

常见的 Linux 系统目录如下：

/——Linux 系统的根目录，包含 Linux 系统的所有目录和文件。

/etc——有关系统设备与管理的配置文件。

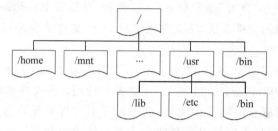

图 3.1　Linux 文件系统结构

/sbin——存放系统启动时所需的运行程序。

/bin——该目录中含有常用的命令文件,不能包含子目录。

/boot——操作系统启动时的核心文件。

/usr/local——存放用户后期安装的应用程序文件。

/root——超级用户主目录。

/dev——接口设备文件目录,保存外围设备代号。

/mnt——设备文件的挂接点,默认有/mnt/cdrom 和/mnt/floppy 两个目录,分别用于挂载光驱和软驱。

/home——用户的宿主目录,通常将其设置在独立的分区。

2. Linux 存储设备的命名

PC 上最多有 4 个 IDE 设备,可能是磁盘,也可能是 CD/DVD 设备。在 Linux 中,IDE 磁盘用"hd"表示,并且在"hd"之后使用小写字母表示磁盘编号,磁盘编号之后是分区编号,使用阿拉伯数字表示。主分区的编号依次是 1～4,而扩展分区上的逻辑分区编号从 5 开始。而 SATA 和 SCSI 磁盘共同使用"sd"表示。常用存储设备的名称表示如表 3.1 所示。

表 3.1　存储设备的名称参数选项

存 储 设 备	设备文件	存 储 设 备	设备文件
IDE1 的主盘	/dev/hda	IDE1 的从盘第一逻辑分区	/dev/hdb5
IDE1 的从盘	/dev/hdb	系统的第一个 SCSI 硬盘	/dev/sda
IDE2 的主盘	/dev/hdc	软盘驱动器	/dev/fd0
IDE2 的从盘	/dev/hdd	光盘驱动器	/dev/cdrom
IDE1 的主盘第一分区	/dev/hda1		

3. 管理磁盘分区

在安装 Linux 的过程中可以使用图形化的 Disk Druid 工具对磁盘进行分区,系统安装完成后,用户也可以对磁盘分区进行管理。常用的磁盘分区管理工具有 fdisk 和 parted,它们都可以进行创建分区、删除分区、查看分区信息等基本操作,此外 parted 还可以调整已有分区的尺寸。下面以 fdisk 为例,讲解磁盘分区方法。

例 3.1:以超级用户登录系统,在 shell 提示符下输入命令启动 fdisk:

```
[root@localhost ~]#fdisk /dev/sda
```

其中,/dev/sda 是用户要进行分区的磁盘设备名。进入后可在 Command(m for help)后输入命令 m 以查看该命令的使用方法,执行结果如图 3.2 所示。

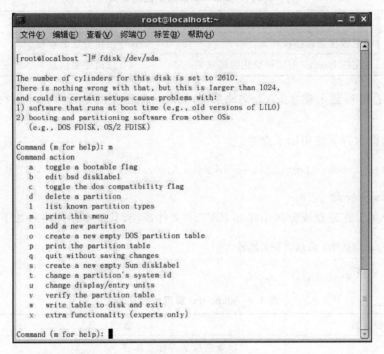

图 3.2　分区信息

fdisk 工具运行后,可以通过按下相应的命令键查看磁盘状态,并进行分区的删除和建立等操作,如表 3.2 所示。

表 3.2　fdisk 工具中常用的命令及含义

命令键	含　　义	命令键	含　　义
a	设置活动分区	o	清空分区表
d	删除一个分区	p	列出现有的分区表信息
l	列出已知的分区类型	q	退出 fdisk 命令且不保存更改
m	显示帮助信息	v	校验分区表
n	建立一个新分区	w	保持更改并退出

4. 文件系统的建立

要想在分区上存储数据,首先需要建立文件系统。常用的建立文件系统的工具用 mkdosfs、mkfs.vfat 和 mkfs 命令来实现。

1) mkdosfs 命令

该命令用于在磁盘或分区中建立 dos 文件系统,即 FAT 文件系统,其格式如下:

mkdosfs [选项] 磁盘设备文件名

如表 3.3 所示。

表 3.3　mkdosfs 常用参数及含义

参　数	含　义	参　数	含　义
-c	检查磁盘是否存在坏道	-n vol_name	指定分区的卷标
-l f_name	从文件 f_name 中读初始化的坏块表	-V	输出完整信息

例 3.2：在 U 盘上建立 FAT 文件系统,同时检测磁盘的是否存在坏道,并设置卷标为 data。

在终端提示符下使用如下命令:

[root@localhost ~]#mkdosfs -c -n data /dev/sda2

2) mkfs.vfat 命令

该命令用于在磁盘或分区中建立 FAT32 文件系统,其基本使用格式如下:

mkfs.vfat [选项] 磁盘设备文件名

如表 3.4 所示。

表 3.4　mkfs.vfat 常用参数及含义

参　数	含　义
-c	检查磁盘是否存在坏道
-l f_name	从文件 f_name 中读初始化的坏块表
-V	输出完整信息

3) mkfs 命令

该命令允许根据用户的选择建立相应的文件系统,同 mkdosfs、mkfs.vfat 等命令类似,但功能更强大。其格式如下:

mkfs [选项] 磁盘设备文件名 [块大小]

常用参数及含义如表 3.5 所示。

表 3.5　mkfs 常用参数及含义

参　数	含　义
-V	输出完整信息
-t fs_type	指定创建的文件系统类型,默认的是 ext2
-c	检查磁盘是否存在坏道
-l f_name	从文件 f_name 中读初始化的坏块表

例 3.3：在分区/dev/sda3 上建立 ext3 文件系统。

在终端提示符下输入如下命令：

```
[root@localhost ~]#mkfs -c -V -t ext3 /dev/sda3
```

该命令在建立文件系统的同时，还进行了磁盘坏道的检查。

5. 文件系统的挂载与卸载

在 Windows 下，文件系统创建后，就可以通过系统分配的盘符来使用该磁盘。但在 Linux 系统中，文件系统创建后，还需将其安装到 Linux 目录树的某个位置上才能使用，这个过程称为挂载，文件系统所挂载到的目录称为挂载点。文件系统使用完毕，还可对其进行卸载。

1）挂载文件系统

在 Linux 系统中，磁盘设备被挂接到一个已存在的目录上，以后的磁盘的存取就变成了对该挂接目录的读写访问。通常选择已存在的空目录作为挂接目录，因为如果挂接目录已经包含文件，在挂接操作完成后，原文件将临时被挂接磁盘中的文件覆盖，直到从系统中卸载该磁盘为止。

文件系统的挂载，可以在系统引导过程中自动加载，也可以使用命令手工挂载。

使用命令手工挂载：挂载文件系统的命令为 mount，该命令语法如下：

```
mount [选项] [设备文件名] [挂接点]
```

常用参数及含义如表 3.6 所示。

表 3.6　mount 常用的参数及含义

参　　数	含　　义
-t fs_type	指定需挂接的磁盘的文件系统类型
-o option	用于指明挂载的某些具体选项，常用的 option 有 ro：以只读方式挂载；rw：以读写方式挂载；remount：重新挂载已挂载的文件系统

自动挂载：当用户需要系统启动后立即使用某个文件系统或者需要挂载多个文件系统时。

可以通过修改/etc/fstab 配置文件实现自动挂载需要使用的文件系统。/etc/fstab 文件列出了引导系统需要挂载的文件系统以及文件系统类型和其他挂载参数，系统引导时会读取这个文件并挂载该文件中列出的文件系统。该文件的具体格式如图 3.3 所示。

```
[root@localhost ~]#more /etc/fstab
```

fstab 文件共分为 6 列：

device　　dirmount　　fs_type　　options　　fs_dump　　fs_passno

各项含义如表 3.7 所示。

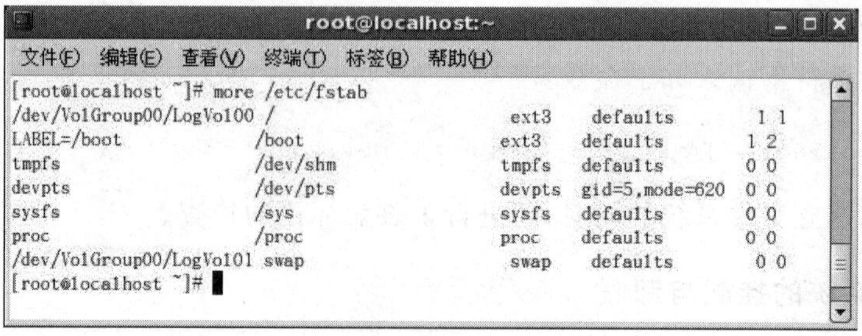

图 3.3 /etc/fstab 文件结构

表 3.7 fstab 参数

字 段	说 明
device	需要被挂载的设备文件名或标号(label)
dirmount	文件系统将被挂载到的目录
fs_type	挂接的磁盘或分区的文件系统类型
options	挂载选项,传递给 mount 命令以决定如何挂载
fs_dump	备份频度。1 表示需要进行磁盘备份;0 表示无须进行磁盘备份
fs_passno	由 fsck 程序决定引导时是否检查磁盘以及检查的次序;0 表示无须进行磁盘检查;1 表示最先检查

例 3.4：将磁盘分区/dev/hda3 一直加载到/mnt/data 目录下。

在/etc/fstab 最后一行加入如下一行语句,然后重启计算机,系统将自动挂载该磁盘分区。

/dev/hda3 /mnt/data vfat defaults 0 0

2) 卸载文件系统

如果系统已挂接的磁盘不再使用,为了节省系统资源,可以将该磁盘从系统中卸下。与挂载相比,卸载文件系统简单很多。卸载文件系统使用 umount 命令,其格式如下:

umount [选项] 设备文件名或挂接目录

常用参数及含义如表 3.8 所示。

表 3.8 umount 常用的参数及含义

参 数	含 义
-t fs_type	卸载已挂接的指定文件系统 fs_type 的所有文件系统,此时无须指定设备文件名和挂接点
-f	强制卸载指定的设备
-a	卸载所有的文件系统,此时,无须指定设备文件名和挂接点

说明：umount 通常不能卸载正在使用的文件系统。如果必须卸载可以使用-f 参数,或重启系统。

6. Linux 的文件类型

　　文件是操作系统用来存储信息的基本结构,是存储在某种介质上的一组信息的集合,通常通过文件名来标识文件。不同的操作系统对文件的命名方式一般也不同,在 Linux 系统中,文件的命名必须遵循如下的规则:

- 文件名最长可以达到 256 个字符,可由 A～Z、a～z、0～9、.、-、_ 等符号组成。
- 文件名区分大小写。
- 文件没有扩展名的概念。
- 使用“/”作为根目录和目录层之间的分隔符。
- 支持相对路径和绝对路径。

　　在 Linux 操作系统中也必须区分文件类型,通过文件类型可以判断文件属于可执行文件、文本文件还是数据文件。在 Linux 系统中文件可以没有扩展名。

　　文件类型都是和应用程序相关联的,在打开某个文件时,操作系统会自动判断用哪个应用程序打开,在 Linux 系统中,. txt 文件由 gedit 程序打开,. doc 文件由 OpenOffice. org Writer 应用程序打开。在 Windows 下文件是否被执行也取决于扩展名,而 Linux 下的扩展名只能表示程序的关联,是否被执行取决于文件属性。

　　通常,Linux 系统中常用的文件类型有 5 种:普通文件、目录文件、设备文件、管道文件和链接文件。

　　1) 普通文件

　　普通文件是计算机操作系统用于存放数据、程序等信息的文件,一般都长期存放于外存储器(磁盘、磁带等)中。普通文件一般包括文本文件、数据文件、可执行的二进制程序文件等。可以通过 ls -lh 命令来查看文件的属性,如图 3.4 所示。

```
[root@localhost ~]#ls -lh
```

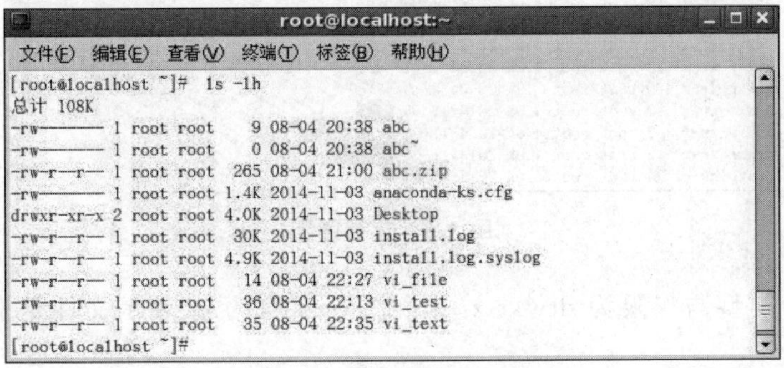

图 3.4　ls -lh 查看文件属性

　　在图 3.4 中,可以看到以“-rw-r--r--”开始的 3 行信息,每一行即对一个文件的描述,包括文件的类型与权限、链接数、文件的属主、文件属组、文件的大小、文件建立或修改的时间、文件名等信息。其中,“-rw-r--r--”用来指明文件类型为普通文件,关于其详细含义,后文将详细介绍。

可以通过 file 命令查看文件的类型。如果 file 文件后面携带文件名则查看指定文件的类型；如果携带通配符"＊"则可以查看当前目录下的所有文件的类型，如图 3.5 所示。

```
[root@localhost~]#file *
```

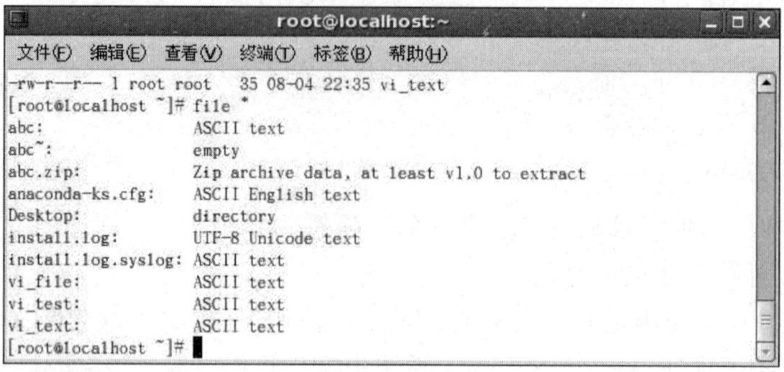

图 3.5　file 查看文件属性

2) 目录文件

Linux 系统把目录看成是一种特殊的文件，利用它构成文件系统的树型结构。目录文件只允许系统管理员对其进行修改，用户进程可以读取目录文件，但不能对它们进行修改。每个目录文件至少包括两个条目，".."表示上一级目录，"."表示该目录本身。

可以用 ls -lh 查看某个目录文件详细信息，如图 3.6 所示，后接"/"可以查看根目录下的详细信息。

```
[root@localhost ~]#ls -lh /
```

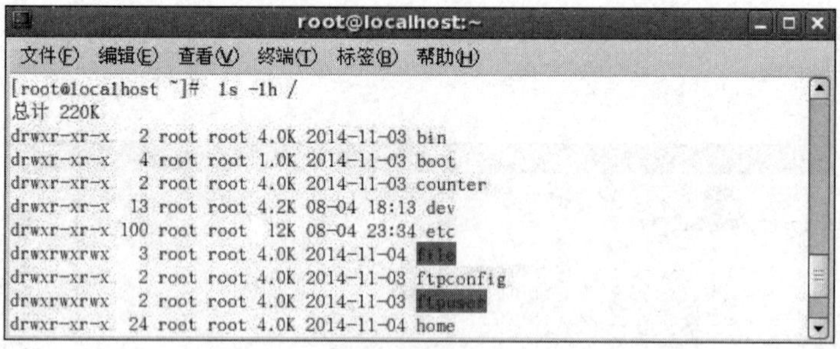

图 3.6　查看目录

图中文件类型与权限为 drwxr-xr-x，第一个字符为 d，表示文件是根目录下目录文件。

3) 设备文件

Linux 系统把每个设备都映射成一个文件，这就是设备文件，它是用于向 I/O 设备提供连接的一种文件，分为字符设备和块设备文件。

字符设备的存取以一个字符为单位，块设备的存取以字符块为单位。每一种 I/O 设备对应一个设备文件，存放在/dev 目录中，如行式打印机对应/dev/lp，第一个软盘驱动器对应/dev/fd0。设备文件示例如图 3.7 所示，/dev/tty 的类型与权限是 crw-rw-rw-，第一个字符为 c,这表示为字符设备文件;/dev/hda1 的属性是 brw-rw----,第一个字符为 b,表示为块设备文件。

```
[root@localhost ~]#ls -la /dev/tty
```

图 3.7　查看设备

4) 管道文件

管道文件也是 Linux 中较特殊的文件类型,这类文件多用于进程间的通信方面。使用 ls-lh 命令查看文件信息时,可观察到文件类型与权限的第一个字符为"p",则代表该文件为管道文件。

5) 链接文件

链接文件有两种:一种是符号链接,也称为软连接;另一种是硬链接。符号链接的工作方式类似于 Windows 系统中的快捷方式,建立符号链接文件后,如果删除原文件,则符号链接文件将指向一个空文件,符号链接也就失效了。硬链接则不同,它要求链接文件和目标文件在同一个文件系统上(即同一分区),且不允许链接至目录,它是对原文件数据块的直接引用,建立硬链接后即使删除原文件硬链接也会保留原文件的所有信息。文件类型与权限的第一个字符为 l,则代表该文件为链接文件。

3.2　文件的基本操作

文件是操作系统组织信息的基本单位,文件和目录实现了操作系统对系统和用户的数据管理。本节将介绍一些文件与目录的基本操作,以及其他的一些常用的命令。

3.2.1　查看和搜索文件

查看和搜索是文件操作时用户经常要用到的两个功能。

1. 查看文件

通过查看文件,可获得文件的许多相关信息,如文件的内容、属性、所有者、大小、创建修改的日期等。下面介绍几个查看文件的操作命令。

ls 是英文单词 list 的简写,其功能为列出目录的内容,使用相应的参数可以查看文件的相关信息,是用户最常用的命令之一,它类似于 DOS 下的 dir 命令。对于每个目录,该命令将列出其中的所有子目录与文件。对于每个文件,ls 将输出其文件名以及所要求的其他信息。输出条目按字母顺序排序。未给出目录名或文件名时,默认情况下就显示当前目录的信息。该命令的语法如下:

ls [参数] 目录或文件

常用参数及含义如表3.9所示。

表 3.9　ls 常用的参数及含义

参　数	含　义
-a	显示指定目录下所有子目录与文件，包括隐藏文件
-c	按文件的修改时间排序
-F	在列出的文件名后以符号表示文件类型：目录文件后加"/"，可执行文件后加"＊"，符号链接文件后加"@"，管道文件后加"｜"，socket文件后加"＝"
-h	以用户习惯的单位表示文件的大小，K表示千，M表示兆。通常与-l选项搭配使用
-l	以长格式显示文件的详细信息。每行列出的信息依次是：文件类型与权限、链接数、文件属主、文件属组、文件大小、文件建立或修改的时间、文件名。对于符号链接文件，显示的文件名后有"—＞"和引用文件路径名；对于设备文件，其"文件大小"字段显示主、次设备号，而不是文件大小。目录中总块数显示在长格式列表的开头，其中包含间接块
-r	从后向前地列举目录中的内容
-s	按文件大小排序
-t	按文件建立的时间排序，越新修改的越排在前面
-u	按文件上次存取时间排序

例3.5：使用ls命令查看root目录下的文件信息。在命令提示符下执行如下命令，执行结果如图3.8所示。

```
[root@localhost ~]#ls -l
```

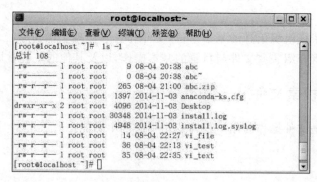

图 3.8　ls -l

图3.8中列出的信息共分为7列，各列含义如图3.9所示。

（1）文件类型："-"表示常规文件；"d"表示目录；"c"表示字符设备文件；"b"表示块设备文件；"s"表示管道文件；"l"表示链接文件。

（2）文件存取权限：从左到右每3位为一组，依次代表文件拥有者、同组用户和其他用户的存取权限。通常文件共有3个权限，"r"表示只读；"w"表示可写；"x"表示可执行；

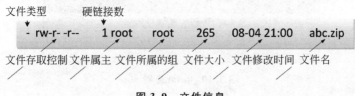

图 3.9　文件信息

"-"表示未设置。图中,abc.zip 文件的第一列为-rw-r--r--,可知其为一个普通文件,文件所有者的权限是 rw-,可读可写不可执行,文件所属组群的权限是 r--,表示可读不可写不可执行,其他人的属性是 r--,表示可读不可写不可执行。只有文件的拥有者或超级用户才能设置文件的属性。

（3）文件的属主和组：在 Linux 下每个文件都属于特定的用户和组,文件的属主和超级用户对文件用户最大的存取权限。

2. 查看文件内容

在进行系统管理的时候,经常需要浏览文件的内容,Linux 提供了多种方式供用户在查看文件内容。使用这些工具可以以不同的方式浏览整个文件内容,有的可以从文件头部指定行往下浏览,有的则可以从文件尾部逆向浏览。

1）head 命令

该命令用于从文件头部查看文件,默认情况下只能阅读文件的前十行,也可以通过指定一个数字选项来改变要显示的行数。如果没有接文件名,那么将会显示用户从键盘上输入的字符。该命令格式如下：

head [参数] 文件名

常用参数及含义如表 3.10 所示。

表 3.10　head 常用的参数及含义

参　　数	含　　义
-c num	显示文件的 num 个字节
-n num	显示文件指定的前 num 行
-v	先打印文件名,再显示指定文件的内容

说明：如果没有接文件名,那么将会显示用户从键盘上输入的字符。

例 3.6：使用 head 命令显示 abc 文件的内容。

在终端提示符下执行如下命令,执行结果如图 3.10 所示。

[root@localhost ~]#head abc

2）tail 命令

使用 tail 命令可以查看文件结尾内容,默认显示组后十行。这有助于查看日志文件的最后十行来阅读重要的系统消息,还可以使用 tail 来观察日志文件被更新的过程。该

图 3.10　head 查看 abc

命令格式如下:

tail [参数] 文件名

常用参数及含义如表 3.11 所示。

表 3.11　tail 常用的参数及含义

参　数	含　义
-c num	查看文件末尾 num 个字节
-f	自动实时地把打开文件中的消息显示到屏幕上
-n	显示文件指定的后 n 行
-v	先打印文件名,再显示指定文件的内容

3) cat 命令

cat 命令可以用来查看文件内容,也可以用于即合并文件。还可以利用 cat 命令从键盘读取数据。该命令格式如下:

cat [参数] 文件名

常用参数及含义如表 3.12 所示。

表 3.12　cat 常用的参数及含义

参数	含　义	参数	含　义
-b	显示文件中的行号,空行不编号	-n	在文件的每行前面显示行号
-E	在文件的每一行尾加上"＄"字符	-s	将连续的多个空行用一个空行来显示
-T	将文件的 Tab 键用字符"^I"来显示	-v	显示除 Tab 和 Enter 键之外的所有字符

例 3.7：使用 cat 命令查看文件内容。

在终端提示符下执行如下命令,执行结果如图 3.11 所示。

[root@ localhost ~]#cat abc

图 3.11　使用 cat 显示 abc

　　cat 命令后面可以接多个文件名,依次将其内容显示出来。还可以使用重定向符"＞"将多个文件合并输出(重定向符"＞"的使用,后面将详细阐述)到另一个文件中。下面这条命令将文件 f1 的内容追加到 f2 文件中然后重定向到 f3 文件中,即写入 f3 中。执行结果如图 3.12 所示。

```
[root@localhost ~]#cat f1
[root@localhost ~]#f2
[root@localhost ~]#f3
[root@localhost ~]#cat f1 f2>f3
[root@localhost ~]#cat f3
```

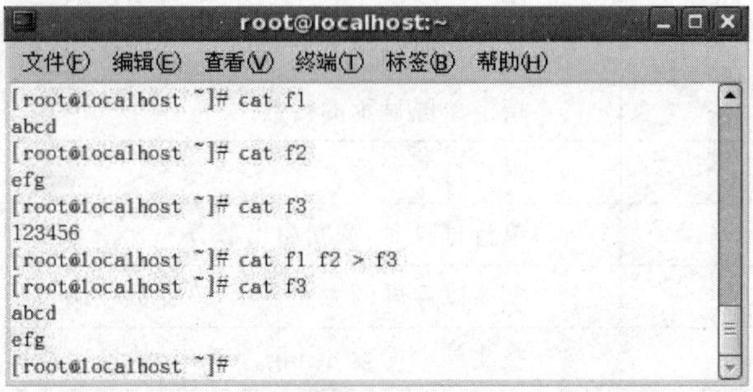

图 3.12　cat 命令

　　说明:f1、f2 必须是已存在的文件,如果 f3 文件不存在,那么系统将重建 f3 文件。如果f3 是已经存在的文件,那么它本身的内容将被覆盖,其中的内容是 f1 和 f2 合并后的内容。

　　4) more 命令

　　在文件过长无法在一屏上显示时,如果使用 cat 命令来查看其内容,会出现快速滚屏,使得用户无法看清文件的内容,此时可以使用 more 命令。和 cat 命令类似,more 可将文件内容显示在屏幕上,但是它每次只显示一页,按下空格键可以显示下一页,按下 q 键退出显示,按下 h 键可以获取帮助。此外,该命令还可以在文件中搜索指定的字符串。其格式如下:

more [参数] 文件名

　　常用的参数及含义如表 3.13 所示。

表 3.13　more 常用的参数及含义

参　　数	含　　义
-num	指定屏幕显示的行数
-d	在屏幕下方显示提示信息
-f	显示实际行数,即不计算单行过长后的自动换行所得到的行
-s	将连续的多个空行用一个空行来显示
-p	默认以卷屏的方式显示,该参数以满屏的方式显示
＋/string	在文件中搜索 string 字符串,然后显示 string 所在的页
＋num	从文件的第 num 行显示

5）less 命令

less 命令的作用和 more 命令类似，可用于浏览文本文件的内容。不同的是，less 命令允许用户使用光标键反复浏览文本。另外，less 可以不读入整个文本文件，因此在处理大型文件时速度较快。与 more 命令相比，less 命令的功能更加强大。其基本格式如下：

less [参数] 文件名

常用的参数及含义如表 3.14 所示。

表 3.14　less 常用的参数及含义

参　　数	含　　义
-i	在查找时忽略大小写
-num	指定单屏显示的行数
-f	强行打开文件
-S	单行过长时，截断超出部分
-p	默认以卷屏的方式显示，该参数以满屏的方式显示
-p string	在文件中搜索 string 字符串，从该字符串处显示

3. 搜索命令

Linux 系统中提供了丰富的工具用于文件的搜索，这些工具既包括了用于根据文件名搜索文件的 find、locate 等，也包括根据给定的字符串搜索文件内容的 grep 工具。

1）grep 命令

在指定文件中搜索特定的字符内容，并将含有这些字符内容的行输出其格式如下：

grep [参数] 文件名

常用参数和含义如表 3.15 所示。

表 3.15　grep 常用的参数及含义

参数	含　　义
-v	显示不包含匹配文本的所有行
-n	显示匹配行及行号

例 3.8：搜索/etc/vsftpd 目录下后缀为.conf 文件中，其内容中包含"anon"字符串的文本行。

在终端提示符下输入如下命令：

```
[root@localhost ~]#grep anon /etc/vsftpd/*.conf
```

如图 3.13 所示。

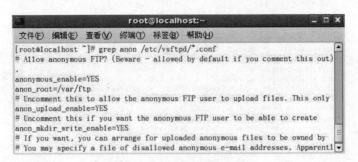

图 3.13　grep 搜索/etc/vsftpd

2) locate 命令

该命令用于通过文件名或扩展名搜索文件。locate 命令是利用事先在系统中建立系统文件索引资料库，然后再检查资料库的方式工作的。为了提高 locate 索引的准确率，在使用该命令前必须拥有最新的资料数据库。可以使用如下的命令更新系统的索引资料数据库：

```
[root@localhost ~]#updatedb
```

locate 命令的格式如下：

locate[参数]文件名

常用的参数和含义如表 3.16 所示。

表 3.16　locate 常用的参数及含义

参　　数	含　　义
-u	建立资料数据库，从根目录开始
-U<dir>	建立资料数据库，从<dir>目录开始
e <dir>	排除<dir>目录搜索

例 3.9：首先建立资料数据库，然后搜索 vsftpd.conf 文件的存放路径。

在终端提示符下输入如下命令：

```
[root@localhost ~]#updatedb
[root@localhost ~]#locate vsftpd.conf
```

如图 3.14 所示。

3) find 命令

find 命令功能非常强大，通常用来在特定的目录下搜索符合条件的文件，也可以用来搜索特定用户属主的文件。其格式如下：

find [路径] [参数]

常用的参数及含义如表 3.17 所示。

图 3.14 locate

表 3.17 find 常用的参数及含义

参 数	含 义
-name ＜filename＞	指定搜索的文件名,输出搜索结果
-user ＜username＞	搜索指定用户搜索所属的文件
-atim ＜time＞	搜索在指定的时间内读取过的文件
-ctim ＜time＞	搜索在指定的时间内修改过的文件

例 3.10：使用 find 命令从根目录开始查找 httpd.conf 文件；从根目录搜索 zhouqi 用户的文件。

在终端提示符下输入如下命令：

```
[root@localhost ~]#find / -name httpd.conf
[root@localhost ~]#find / -user zhouqi
```

命令的执行结果如图 3.15 所示。

图 3.15 find 命令

3.2.2 新建、删除文件和目录

目录是一组相关文件的集合,一个目录下面除了可以存放文件之外还可以存放其他目录,即可包含子目录。在确定文件、目录位置时,DOS 和 Linux 都采用"路径名＋文件名"的方式。路径反映的是目录与目录之间的关系,在目录之间用分割符分开。

1. 路径

Linux 路径由到达定位文件的目录组成。在 Linux 系统中组成路径的目录分割符为斜杠"/"，而 DOS 则用反斜杠"\"来分割各个目录。路径的表示方法有两种：绝对路径和相对路径。

1) 绝对路径

绝对路径是从目录树的树根"/"目录开始往下直至到达文件所经过的所有节点目录，下级目录接在上级目录后面用"/"隔开。例如，假如在图 3.1 中的 etc 目录下有一个文件 file1，那么 file1 绝对路径的表示应该是/etc/file1。

注意：绝对路径都是从"/"开始的，所以第一个字符一定是"/"。

2) 相对路径

相对路径是指目标目录相对于当前目录的位置。仍然以前面的 file1 文件为例，若当前目录是 etc，如果要指向 file1 文件，可以直接简单地表示为 file1。在当前目录下，或是当前目录的子目录下的文件都可以这样简单地表示。如果不在当前目录下，则需要使用两个特殊目录"."和".."了。目录"."指向当前目录，而目录".."则指向当前目录的上一级目录。若图 3.1 中的 bin 目录下有一个文件 file2，当前目录为 etc，那么 file2 的相对路径可表示为：../bin/file2。

2. 通配符

与 DOS 下的文件操作类似，在 Linux 系统中，也同样允许使用特殊字符来同时引用多个文件名，这些特殊字符被称为通配符。Linux 系统中的通配符除了"＊"和"?"以外，还可以是使用"["、"]"和"-"组成字符组，以便确定需要匹配的范围。

通配符＊：可以代表文件名中的任意字符或字符串，但不能与句点打头的文件名匹配。在 Linux 系统中以句点打头的文件是隐藏文件。

(1) 通配符?：可以代表文件名中的任意一个字符。

(2) 通配符"["、"]"和"-"：用于构成字符组。"["和"]"将字符组括起来，表示可以匹配字符组中的任意一个。"-"用于表示字符范围。例如，[abc]表示匹配 a、b、c 中的任意一个，[a-f]表示从 a 到 f 范围内的任意一个字符。

(3) 转义字符\：如果要使通配符作为普通字符使用，可以在其前面加上转义字符。

注意：当"-"处于方括号之外，或"?"和"＊"处于方括号内时不用使用转义字符就已失去通配符的作用。

3. 创建文件

在 Linux 系统中，可以利用 touch 命令来创建文件，同时 touch 还可以修改文件的存取和修改日期。如果 touch 命令没有指定时间，touch 就会将文件的存取时间、修改时间设置为系统的当前时间。该命令的格式如下：

```
touch [参数] 文件名
```

常用参数及含义如表 3.18 所示。

表 3.18 touch 常用的参数及含义

参 数	含 义
-a	仅修改存取时间,具体时间有-t 参数指定
-c	如果指定文件不存在,也不生成新文件
-d string	根据 string 设定文件的时间
-m	仅修改最后修改时间
-r f_name	根据 f_name 文件的时间记录修改指定文件
-t time	time 格式"MMDDYY"即月日年

例 3.11:使用 touch 命令创建文件 fi1。

在命令提示符下执行如下命令,执行结果如图 3.16 所示。

```
[root@localhost ~]#touch fi1
```

图 3.16 touch 命令

说明:新建了一个名为 fi1 的文件,当然,此文件是一个空文件,里面没有内容。

例如,将上例创建的 fi1 文件的最后修改时间修改为 2016 年 11 月 24 日。

在命令提示符下执行如下命令,执行结果如图 3.17 所示。

```
[root@localhost ~]#touch -m -t "11242016" fi1
```

图 3.17 修改时间

4. 删除文件

rm 命令可以删除一个目录中的一个或多个文件或目录,也可以将某个目录及其下的所有文件及子目录均删除。删除链接文件时,只是断开了链接,原文件保持不变。该命令的基本使用格式如下:

```
rm [参数] 文件名
```

常用参数及含义如表 3.19 所示。

表 3.19　rm 常用的参数及含义

参　数	含　义
-i	以进行交互式方式执行
-f	强制删除,忽略不存在的文件,无须提示
-r	递归地删除目录下的内容

说明:使用 rm 命令要小心,因为文件删除后不能恢复。为了防止文件误删,可以在 rm 后使用-i 参数以逐个确认要删除的文件。若确认删除,输入 y,文件将被删除,否则输入其他任何字符放弃删除。

例 3.12:使用 rm 命令分别进行交互式删除和强制删除。在命令提示符下分别执行如下命令,执行结果如图 3.18 所示。

```
[root@ localhost ~]#rm -i fi1
[root@ localhost ~]#rm -f fi1
```

图 3.18　rm 删除

说明:使用"rm -i fi1"命令时采用了交互式执行方式,询问是否删除 fi1 文件。使用"rm -f fi1"命令时采用了强制执行方式,直接删除指定的文件。

5. 切换工作目录

所谓工作目录,就是当前操作所在的目录。用户在使用 Linux 的时候,经常需要更换工作目录。cd 命令可以帮助用户切换工作目录,后面可跟绝对路径,也可以跟相对路径。如果省略目录,则默认切换到当前用户的主目录。还可以使用"～"、"."和".."作为目录名,其中"～"表示当前用户的主目录,"."表示当前目录,".."表示当前目录的上层目录,即父目录。该命令使用的格式如下:

```
cd 目录名
```

例 3.13:切换到/var/db 可用如下命令:

```
[root@ localhost ~]#cd /var/db
```

切换到当前用户的主目录可用如下命令:

```
[root@ localhost ~]#cd ~
```

切换到当前目录的上两层可用如下命令:

```
[root@ localhost ~]#cd ../..
```

如图 3.19 所示。

图 3.19　cd 切换

6. 显示当前路径

使用 pwd 命令可以显示当前的工作目录，该命令很简单，直接输入 pwd 即可，后面不带参数。

7. 新建目录

可使用 mkdir 命令创建一个新的目录。需要注意的是，新建目录的名称不能与当前目录中已有的目录或文件同名，并且目录创建者必须对当前目录具有写权限。该命令格式如下：

mkdir[参数]目录名

常用的参数及含义如表 3.20 所示。

表 3.20　mkdir 常用的参数及含义

参　数	含　义
-m	对新建目录设置存取权限
-p	如果欲建立的目录的上层目录尚未建立，则一并建立其上的所有祖先目录

例 3.14：使用 mkdir 命令分别创建目录 d1、d2，在 d1 中创建目录 d3，在 d2 中创建目录 d4，并使用 touch 命令在 d2 中创建文件 fi2。

在终端提示符下执行如下命令，如图 3.20 所示。

```
[root@ localhost ~]#mkdir d1
[root@ localhost ~]#mkdir d2
[root@ localhost ~]#cd d1
[root@ localhost d1]#mkdir d3
[root@ localhost d1]#cd ..
[root@ localhost ~]#cd d2
[root@ localhost d2]#mkdir d4
[root@ localhost d2]#touch fi2
```

说明：使用了 cd 命令，这是一个用来进行目录切换的命令，Linux 下的命令区分大小写，不能写成 CD。例题中 cd d1 是进入 d1 目录中，cd .. 是回到上一级目录。应注意：当切换到 d1 目录中时，前面的[root@localhost ～]变成了[root@localhost d1]。

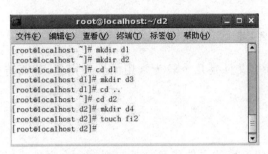

图 3.20　mkdir 命令

8. 删除目录

删除空目录可以使用 rmdir 命令，该命令是从一个目录中删除一个或多个子目录项。需要注意的是，一个目录被删除之前必须是空的。删除某一个目录时，必须具有对其父目录的写权限。如果要删除的目录不空，将产生错误提示。该命令的基本使用格式如下：

rmdir [-p] 目录

命令中选项含义如下：

参数-p 表示递归删除目录，当子目录删除后，其父目录为空时也一同被删除。命令执行完毕后，显示相应信息。

此外，使用 rm -r 也可删除目录及其下的文件和子目录。

例：使用 rmdir -p 递归删除 d1 和 d3 目录，使用 rm -r 命令删除 d2 目录及其下的所有文件和子目录。

```
[root@ localhost ~]#rmdir -p /root/d1/d3
[root@ localhost ~]#rm -r d2
```

首先用 ls 命令查看 root 主目录下的文件，然后执行过删除目录的命令后再用 ls 查看一下 root 目录。在命令提示符中下执行 rmdir 命令和 rm 命令，删除完成后再用 ls 查看一下 root 目录，结果如图 3.21 所示。

```
[root@ localhost ~]#1s
[root@ localhost ~]#rm -r d2
[root@ localhost ~]#1s
```

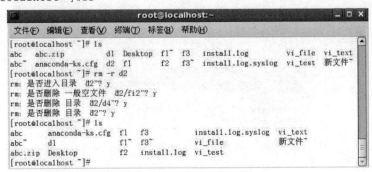

图 3.21　rm 删除

3.2.3 复制、移动和重命名文件

复制、移动和重命名文件是几个较为常用的文件操作,下面将介绍执行这几个操作的命令。

1. 复制文件

cp命令的功能是将给出的文件或目录复制到另一个文件或目录中,相当于DOS下的copy命令。该命令可以同时复制多个源文件到目标目录中,在进行文件复制的同时,可以指定目标文件的名称。其基本使用格式如下:

cp〔参数〕源文件或目录 目标文件或目录

常用参数及含义如表3.21所示。

表 3.21　cp常用的参数及含义

参　　数	含　　义
-a	该选项通常在复制目录时使用,它保留链接、文件属性,并递归地复制目录
-d	复制时保留链接
-f	删除已经存在的目标文件而不提示
-i	交互式复制,在覆盖目标文件之前将给出提示要求用户确认
-p	此时cp命令除复制源文件的内容外,还将把其修改时间和访问权限也复制到新文件中
-r	若给出的源文件是目录文件,则cp将递归复制该目录下的所有子目录和文件,目标文件必须为一个目录名
-l	不作复制,只是链接文件

说明:为防止用户在不经意的情况下用cp命令破坏另一个文件,建议用户在使用cp命令复制文件时,最好使用i选项。

例3.15:创建文件fi3,使用cp命令将文件fi3复制到/tmp目录,并改名成fi4。在终端提示符下执行如下命令,执行结果如图3.22所示。

```
[root@localhost ~]#touch fi3
[root@localhost ~]#cp -i fi3 /tmp/fi4
```

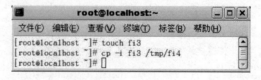

图 3.22　cp命令

2. 移动或重命名文件

用户可以使用 mv 命令来移动文件或目录,也可以给文件或目录重命名。它的用法相当于 DOS 下的 ren 和 move 的组合。该命令格式如下:

mv [参数] 源文件或目录 目标文件或目录

常用参数及含义如表 3.22 所示。

表 3.22　mv 常用的参数及含义

参　数	含　义
-i	交互方式操作,如果 mv 操作将导致对已存在的目标文件的覆盖,系统会询问是否重写,要求用户回答以避免误覆盖文件
-f	禁止交互式操作,如有覆盖也不会给出提示

(1) 如果 mv 命令格式为“mv 源文件 目标文件”,且两个文件在同一目录下,则表示将源文件重命名为目标文件。

mv 命令是移动文件或目录还是重命名文件或目录,视源文件和目标文件的类型而定。

(2) 如果源文件和目标文件的类型都为文件,且两个文件同在一个目录,则是将源文件重命名为目标文件。

(3) 如果源文件为目录,目标文件为不存在的目录,它们同在一个父目录,则是将源目录重名为目标目录。

(4) 如果目标文件为已存在的目录,源文件可以是多个文件或目录,mv 命令将指定的源文件或目录均移至目标目录中。

说明:使用 mv 命令跨文件系统移动文件时,先复制文件,再将原有文件删除,而链接至该文件的链接也将丢失。

例 3.16:使用 mv 命令将 fi3 文件移动到/home 目录下,并用 ls 命令查看结果。

在终端提示符下输入如下命令,执行结果如图 3.23 所示。

```
[root@ localhost ~]#ls
[root@ localhost ~]#mv fi3 /home
[root@ localhost ~]#ls
[root@ localhost ~]#ls /home
```

例 3.17:使用 mv 命令将 fi4 文件重名为 fi9,并用 ls 命令查看结果。

在终端提示符下输入如下命令,执行结果如图 3.24 所示。

```
[root@ localhost ~]#ls
[root@ localhost ~]#mv f1 f9
[root@ localhost ~]#ls
```

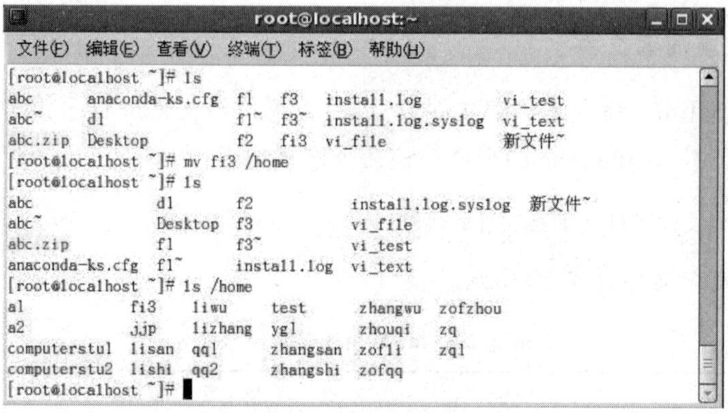

图 3.23 mv 移动

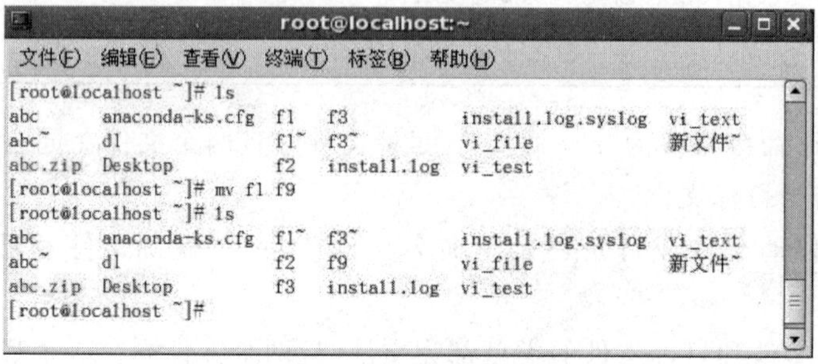

图 3.24 mv 命名

3.2.4 归档管理

计算机中的数据经常需要备份,tar 是 Linux 中最常用的备份工具,此命令可以把一系列文件归档到一个大文件中,也可以把档案文件解开以恢复数据。此外,tar 命令还可用于压缩和解压缩文件。

1. 文件归档

tar 用于将文件进行归档,即将一系列的文件归档到一个文件中,需要时也可以将归档的文件解开,归档之后的大小和原来一样。其格式如下:

tar [参数] 打包文件名 文件

tar 命令很特殊,其参数前面可以使用"-",也可以不使用。

常用参数及含义如表 3.23 所示。

例 3.18:使用 tar 命令将/var 目录中的所有文件打包到 varbak.tar 中。

在终端提示符下执行如下命令,执行结果如图 3.25 所示。

```
[root@ localhost ~]#cd /var
[root@ localhost var]#tar cvf varbak.tar /home
[root@ localhost ~]#ls /var
```

表 3.23　tar 常用的参数及含义

参数	含　义	参数	含　义
-c	生成档案文件	-t	列出档案中包含的文件
-C	切换到指定的目录	-z	以 gzip 格式压缩或解压缩档案文件
-v	列出归档解档的详细过程	-j	以 bzip2 格式压缩或解压缩档案文件
-f	指定档案文件名称	-d	比较档案与当前目录中的文件之间的差异
-r	将文件追加到档案末尾	-x	解开档案文件

```
                          root@localhost:/var                      _ □ ×
文件(F)  编辑(E)  查看(V)  终端(T)  标签(B)  帮助(H)
[root@localhost var]# ls /var
account   db      games   local   mail    opt        run    tux          yp
cache     empty   gdm     lock    named   preserve   spool  varbak.tar
crash     ftp     lib     log     nis     racoon     tmp    www
[root@localhost var]#
```

图 3.25　tar 执行结果

　　例中使用 cd 命令进入/var 目录下,在没有用-C 指定目录的情况下,打包的档案文件 varbak.tar 默认存放在当前用户所在的/var 目录下,打包后的档案文件包含/var 目录下的所有文件。而要解开这个档案文件,可以运行如下命令:

```
[root@localhost ~]#tar xvf varbak.tar
```

　　注意:默认情况下 tar 命令会把档案文中包含的文件恢复到当前工作目录中,也许这不是文件的原始位置,可以使用选项-C 指定要恢复到的目录。

2. tar 的压缩与解压缩功能

　　为节省存储空间或减少网络传输时间,许多文件都需要进行压缩,形成了压缩文件,例如 test.tar.gz 或者 test.tgz 文件。tar 命令也提供了压缩与解压缩的功能。

　　说明:tar 命令中的参数-z 和-j 用于压缩文件,前者为以 gzip 格式压缩,后者则是以 bzip2 格式压缩,需要注意的是,tar 的压缩和解压缩功能必须与归档功能一起使用,即-z 参数和-j 参数必须与-c 参数一起使用。

　　例 3.19:若要将上例中的/var 目录在归档文件的同时对数据进行压缩以节省磁盘空间,如果使用 gzip 压缩格式进行压缩,则可使用如下命令:

```
[root@localhost ~]#tar czvf varbak.tar.gz /var
```

而要解开这个档案文件,可以运行如下命令:

```
[root@localhost ~]#tar xzvf varbak.tar.gz
```

　　注意:tar 档案文件的扩展名一般为.tar,如果使用了 gzip 压缩格式,则扩展名通常为.tar.gz 或者.tgz;如果使用了 bzip2 压缩格式扩展名则为.tar.bz2。

3.2.5 其他一些常用命令

前面介绍了一些目录和文件的相关操作,下面介绍 Linux 中其他与文件操作相关的命令。

1. clear 命令

clear 命令用来清除屏幕内容,它不需要任何参数。该命令基本的使用格式如下:

```
clear
```

2. ln 命令

在 Linux 系统中 ln 命令用于为某一个文件在另一个位置创建一个链接。

Linux 文件系统中,链接可分为两种:硬链接(hard link)与符号链接(symbolic link)。硬链接是指一个文件可以有多个别名,但都表示同一文件实体。符号链接也称软链接,是产生一个特殊的文件,该文件的内容是指向另一个文件(链接目标),它们的关系类似于 Windows 下的快捷方式。符号链接的绝大部分操作(包括打开、读、写等)都被传递给其链接目标文件,其操作的真正作用在链接目标上,另外一些操作(如删除等)则作用在符号链接本身。硬链接必须存在同一个文件系统中,即磁盘的同一分区中,而软链接却可以跨越不同的文件系统。

ln 命令既可以创建硬链接,也可以创建软链接,至于创建的是硬链接还是软链接则由参数决定。其使用格式如下:

```
ln [参数] 源文件 链接文件
```

常用参数及含义如表 3.24 所示。

表 3.24 ln 常用的参数及含义

参　数	含　义
-f	链接时先将与目标文件同名的文件删除
-d	允许系统管理员创建对目录的硬链接,默认不允许
-i	在删除与目标文件同名的文件时先进行询问
-n	在进行软链接时,将目标文件视为一般的文件
-s	创建软链接,默认创建硬链接
-v	在链接之前显示其文件
-b	在创建链接时将可能被覆盖或删除的文件进行备份

例 3.20:为文件 f9 建立软链接 sl 可用如下命令:

```
[root@localhost ~]#ln -s f9 sl
```

为文件 f9 建立一个硬链接 hl 可用如下命令:

```
[root@localhost ~]#ln file1 hl
```

3. diff 命令

该命令采用逐行比较的方式比较两个文件之间的差异,其使用格式如下:

```
diff [参数] 文件 1 文件 2
```

常用参数及含义如表 3.25 所示。

表 3.25　diff 常用的参数及含义

参　　数	含　　义
-a	将所有文件作为文本文件进行比较
-b	忽略空格的差异,即多个空格当作一个空格处理
-B	忽略空行
-c	显示全部内文,并标出不同之处
-q	只报告两个文件是否相同,不报告细节
-x name	不比较该参数中所指定的文件或目录的名称
-y	以并列的方式显示文件的不同的地方
-i	忽略大小写
-w	忽略所有空格
-r	比较时,递归地比较该目录下所有的子目录
-p	若比较的是 C 程序代码,显示差异所在的函数名称
-s	当两个文件相同时报告
-T	比较时,在每行前面加上 tab 字符以便对齐
-S file	在进行目录比较时,从文件 file 开始
--supress-common-lines	不显示相同的行

(1) 如果给定的 f1 和 f2 都是文件,diff 就比较这两个文件的内容。如果其中一个文件的文件名是"-",diff 就从标准输入上读取文本,即从键盘中输入文本。

(2) 如果指定要比较目录,即 f1 和 f2 都是目录,则 diff 会比较目录中相同文件名的文件,但不会比较其中子目录。

(3) 如果 f1 和 f2 中有一个是文件,另一个是目录(假设 f1 是目录,f2 是文件),diff则从 f1 目录中查找与 f2 文件同名的文件,然后进行比较。

例 3.21:使用 diff 比较 f2 和 f4 文件。

在命令提示符下执行如下的命令,其执行结果如图 3.26 所示。

```
[root@localhost ~]#cat f2
[root@localhost ~]#cat f4
[root@localhost ~]#diff -y f2 f4
```

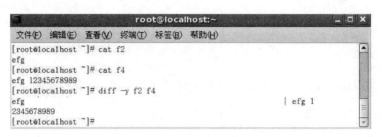

图 3.26 diff 命令

图中,"|"符号后面的部分就是 f2 文件和 f4 不同的部分。

说明:如果没有 f4/f1 文件,请读者用前面章节的方法创建相应文件并给出相应的内容。

4. cut 命令

该命令用于从文件中获取指定位置的字符串,其基本格式如下:

cut [参数] 文件

常用的参数及含义如表 3.26 所示。

表 3.26 cut 常用的参数及含义

参 数	含 义
-c n1,n2	获取每一行的第 n1 到 n2 个字符
-f m1,m2	获取每一行的第 m1 到 m2 栏的字符
-d "sep_char"	指定栏的分隔符,不指定的话默认用制表符作为分隔符

例 3.22:使用 cut 命令获取/etc/passwd 第 1 栏到第 3 栏的信息。

在终端提示符下输入如下的命令,其执行结果如图 3.27 所示。

[root@ localhost ~]#cut -f 1,3 -d ":" /etc/passwd

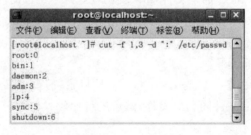

图 3.27 cut 命令

说明:在使用-f 参数时,默认的分隔符是制表位 tab 符,此时可以使用"-d "sep_char""来指定栏的分隔符,但是其中的 sep_char 只能是单个字符,例如,上例指定分隔符为":"。

3.3　文件权限管理

文件权限就是文件的访问控制权限,即哪些用户和组群可以访问文件以及可以执行什么样的操作。文件权限与系统的数据安全息息相关。

3.3.1　Linux 文件安全模型

Linux 系统是一个典型的多用户系统,不同的用户处于不同的地位,对文件和目录有不同的访问权限。为了保护系统的安全性,Linux 系统除了对用户权限做了严格的界定外,还在用户身份认证、访问控制、传输安全、文件读写权限等方面做了周密的控制。文件权限就是对系统中的不同用户访问同一文件的权限做了不同的规定。这些规定囊括了文件访问控制、文件保密性、文件完整性等方面。

Linux 系统中,用户对文件的文件读写权限包括 3 种,分别是读权限、写权限和可执行权限。

(1) 读权限(r): 允许用户读取文件内容或者列目录。

(2) 写权限(w): 允许用户修改文件内容或者创建、删除文件。

(3) 可执行权限(x): 允许用户执行文件或者运行使用 cd 命令进入目录。

说明: 一般 Linux 系统只允许文件的属主或超级用户改变文件的读写权限。

3.3.2　修改文件/目录的访问权限

在 Linux 系统中,文件的权限是按照用户来划分的,同一个文件或目录,对于不同的用户赋予不同的读写权限。通过使用 ls -l 命令列出目录和文件的详细信息,可以查看不同类型用户所对应的权限。使用 chmod 命令修改文件或目录的访问权限。该命令的基本使用格式如下:

chmod [参数] 文件或目录名

说明: 该命令的参数部分可以使用符号表达式,也可以使用八进制数充当。当使用字符表达式时,包括 3 部分,即用户对象、操作符号和读写权限。

(1) 用户对象,分为属主用户、属组、其他用户和所有用户,分别以如下的符号表示:

u——属主,即文件或目录的所有者,拥有对文件最大的读写权限。

g——属组,即与文件属组有相同组 ID 的所有用户。

o——表示其他用户,通常只具有浏览权限。

a——表示以上所有用户。

(2) 操作符号包括添加权限、取消权限和赋予权限操作,分别以如下的符号表示:

＋——添加某个权限。

－——取消某个权限。

＝——赋予给定权限并取消其他所有权限(如果有的话)。

（3）读写权限包括可读权限、可写权限和可执行权限，分别以如下的符号表示：

r——可读权限。如果文件可读，表示用户可以读取该文件的内容；如果目录可读，表示用户可以列出该目录的信息。

w——可写权限。如果文件可写，表示用户可以修改该文件的内容，或删除该文件；如果目录可写，表示用户可以在其中创建新的目录或文件，或删除目录内的文件或子目录。

x——可执行。对于文件来说，可执行权限表示具有该权限的用户可以运行该程序；对于目录来说，可执行权限表示具有该权限的用户可以进入该目录。

说明：上述 3 种读写权限可以任意组合使用。另外，如果用户对某文件仅具有可执行的权限时，也并不能真正被运行，它还必须具有该用户的可读属性。

例 3.23：添加系统中的所有用户对 f1 文件的可执行权限，给 f1 属组用户添加可写权限。

在终端提示符下运行如下命令：

```
[root@localhost ~]#|s-1| grep f1
[root@localhost ~]#chmod a+x f1
[root@localhost ~]#chmod g+w f1
```

执行的结果如图 3.28 所示。

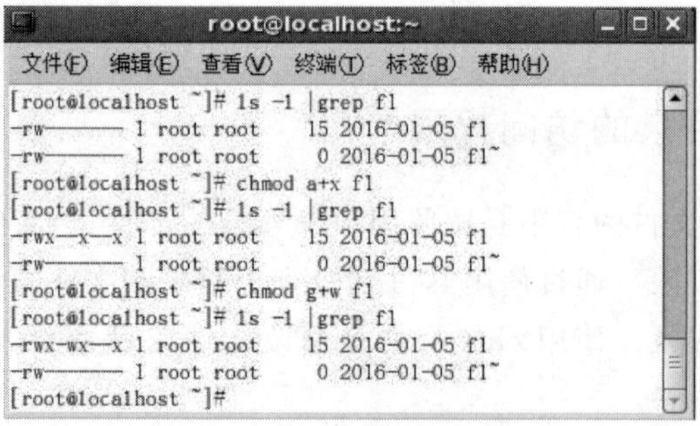

图 3.28　chmod 命令

如果使用 r、w、x 和-这 4 个字符代表用户的权限有些过于麻烦，此时可以使用数字来表示权限：r 对应 4；w 对应 2；x 对应 1；-对应 0，对每一类用户的各项权限进行相加，就会得到 3 个从 0～7 的数字。chmod 的参数也可以使用三位八进制数来表示读写权限，这样的数字称为权限数字。例如，644 的 3 位数从左到右，第一位表示属主的读写权限，6（=4+2）表示该文件的属主对该文件拥有可读、可写的权限；第二位表示属组的读写权限，4 表示文件的属组对该文件拥有可写的权限；第三位表示非属主和非属组用户的读写权限，4 表示非属主和非属组用户对该文件拥有可读的权限。

例 3.24：对文件 f1 设置读写权限，使得其属主和属组用户拥有读取写入权限，其他用户只能读取。

在终端提示符下输入如下命令：

```
[root@localhost ~]#chomd 664 f1
```

上述命令中的第一个 6 即代表用户权限为 4(可读)＋2(可写),第二个 6 即代表同组用户权限为 4(可读)＋2(可写),第三个 4 则代表其他用户的权限只能是 4(可读)。

注意:默认情况下,新创建的普通文件的权限被设置为-rw-r--r--,即文件属主对该文件可以读取写入,而同组用户和其他用户都只可读。此外,每个用户主目录的权限都设置为 drwx------,即只有文件属主对该目录可以读取、写入和查询,用户不能读其他用户目录中的内容。

3.3.3　改变文件/目录的所有权

文件和目录的所有权是 Linux 文件安全模型的另一个组成部分。用户可以使用 chown 命令来修改文件的所有者和归属的组从而限制文件或目录的访问权限。使用 chgrp 命令也可以改变文件的归属组。只有用户本身或超级用户才能更改文件的所有权限。

1. chown 命令

该命令用于变更指定文件或目录的属主和属组信息。通常,只能系统的超级用户才能使用该命令来更改指定文件或目录的属主和归属组。chown 命令基本格式如下:

chown [参数] 属主[.属组] 文件或目录

常用参数及含义如表 3.27 所示。

表 3.27　chown 常用的参数及含义

参　　数	含　　义
-c	若文件拥有者确实已经更改,才显示其更改动作
-f	若该档案拥有者无法被更改也不显示错误信息
-h	只对于连接(link)进行变更,而非该 link 真正指向的文件
-v	显示拥有者变更的信息
-R	对目前目录下的所有档案与子目录进行相同的拥有者变更(即以递回的方式逐个变更)
--help	显示辅助说明
--version	显示版本

例 3.25:将 f1 文件修改为 zhouqi 组中 zhouqi 用户所有。

首先使用 who 命令确认是以超级用户登录系统的,然后在终端提示符下执行如下命令:

```
[root@localhost ~]#who
[root@localhost ~]#|s-1| grep f1
[root@localhost ~]#chown zhouqi.zhouqi f1
[root@localhost ~]#|s-1| grep f1
```

其执行结果如图 3.29 所示。

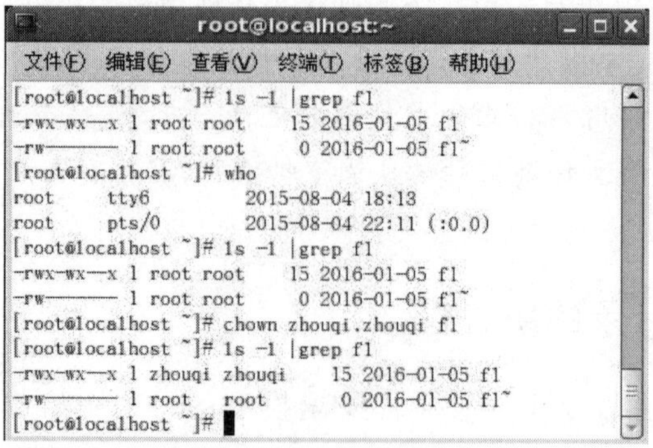

图 3.29　改变文件所有者

说明：先使用了 who 命令查看当前登录系统的账号是不是超级用户 root,然后使用 ls -l | grep file1 查看 f1 文件当前的属主和组,然后修改它,最后在使用 ls 命令确定修改的结果。

2. chgrp 命令

该命令用于变更文件与目录的所属组。只有文件的所有者并且是该组成员或者是超级用户才能够修改文件的属组。chgrp 命令基本格式如下:

chgrp　[参数]　属组　文件或目录

常用参数及含义如表 3.28 所示。

表 3.28　chgrp 常用的参数及含义

参　数	含　义
-c	效果类似"-v"参数,但仅回报更改的部分
-f	不显示错误信息
-h	只对符号连接的文件做修改,而不更动其他任何相关文件
-v	显示指令执行过程
-R	递归处理,将指定目录下的所有文件及子目录一并处理

3.4　即插即用设备的使用

即插即用(Plug-and-Play,PNP)的作用是自动配置计算机中的板卡和其他设备,帮助用户安装设备的驱动程序,分配设备的相关资源信息,包括 I/O 地址、IRQ、DMA 通道和内存段。如果操作系统支持即插即用功能,则表现为以下几点:

(1)对已安装硬件自动动态识别,包括系统初始安装时对即插即用硬件的自动识别,以及运行时对即插即用硬件改变的识别。

（2）硬件资源分配。即插即用设备的驱动程序自己不能实现资源的分配，只有在操作系统识别出该设备之后才分配相应的资源。即插即用管理器能够接收到即插即用设备发出的资源请求，然后根据请求分配相应的硬件资源，当系统中加入的设备请求资源已经被其他设备占用时，即插即用管理器可以对已分配的资源进行重新分配。

（3）加载相应的驱动程序。当系统中加入新设备时，即插即用管理器能够判断出相应的设备驱动程序并实现驱动程序的自动加载。

（4）与电源管理的交互。即插即用与电源管理的一个共同的关键特性是对事件的动态处理，包括设备的插入和拔出，唤醒或使设备进入睡眠状态。

下面将简单介绍 Linux 系统下的两个即插即用设备的使用方法。

3.4.1　光驱的使用

由于在 Linux 的内核中已经加载了对光盘驱动器的支持部分，而且还包含了常用品牌的光驱的 IDE 和 SCSI 驱动程序，所以通常光盘驱动器在 Linux 中无须过多设置即可使用。目前绝大多数 CD-ROM 的数据格式都遵循 ISO 9660 标准，很容易被加入到系统的目录树中。

在 Linux 中，光盘驱动器需要行手工挂载。这里可以用到前面介绍的 mount 命令。挂载点目录可以自己决定（参考使用/mnt）。

例 3.26：加载 CD-ROM 到/mnt 下，然后卸载。

```
[root@localhost ~]#mount -t iso9660 /dev/cdrom /mnt
```

此后可以通过读取/mnt 目录内容的方式，访问光盘驱动器。

文件系统使用完毕，需要进行卸载。对于光盘启动器来说，如果不卸载将无法从光盘驱动器中取出光盘。

无论是 IDE 还是 SCSI 光驱，都可以在命令提示符下通过执行如下命令进行卸载：

```
[root@localhost ~]#umount /mnt
```

说明：加载/卸载光驱可以简化如下操作：

```
[root@localhost ~]#mount /dev/cdrom /mnt
[root@localhost ~]#umount /mnt
```

具体加载结果请参考第 2 章相关章节。

3.4.2　U 盘的使用

USB 移动存储设备在 Linux 系统中通常被识别为 SCSI 存储设备。如果系统使用的是 IDE 存储设备，则系统可能会使用/dev/sda1 这样的名称来标识用户的 USB 存储设备。如果系统上已经连接了其他的 SCSI 存储设备，则用户的 USB 存储设备会被标识为/dev/sdb1，以此类推。通常在挂载文件系统时，应将其挂载到一个可以存取的空目录下，而且该目录应该是专门为挂载某个文件系统而建立的。那么在挂载 U 盘之前，可以在/mnt 目录下先建立一个专门用于挂载 USB 的目录 usb，然后使用如下步骤挂载 U 盘。

（1）在插入 U 盘或硬盘之前，在终端提示符使用如下命令：

```
[root@localhost ~]# fdisk -l
```

系统将显示目前所能识别到的硬件存储设备，如图 3.30 所示。

```
root@localhost:~
文件(F) 编辑(E) 查看(V) 终端(T) 标签(B) 帮助(H)
[root@localhost ~]# fdisk -l

Disk /dev/sda: 21.4 GB, 21474836480 bytes
255 heads, 63 sectors/track, 2610 cylinders
Units = cylinders of 16065 * 512 = 8225280 bytes

   Device Boot      Start         End      Blocks   Id  System
/dev/sda1   *           1          13      104391   83  Linux
/dev/sda2              14        2610    20860402+  8e  Linux LVM
[root@localhost ~]#
```

图 3.30　当前系统设备

其中，只有 sda 没有 sdb，表示目前系统有 1 个 SCSI 硬盘，后面带有的数字表示硬盘下的分区。

（2）插入 U 盘，再次运行 fdisk -l 命令，系统将再次显示目前所能识别到的硬件存储设备，比较两次输出的不同，将发现第二次运行时系统增加显示了 sdb1 等内容，表示新插入的 U 盘或移动硬盘是挂靠在系统的 sdb1 下的，如图 3.31 所示。

```
[root@localhost ~]# fdisk -l

Disk /dev/sda: 21.4 GB, 21474836480 bytes
255 heads, 63 sectors/track, 2610 cylinders
Units = cylinders of 16065 * 512 = 8225280 bytes

   Device Boot      Start         End      Blocks   Id  System
/dev/sda1   *           1          13      104391   83  Linux
/dev/sda2              14        2610    20860402+  8e  Linux LVM

Disk /dev/sdb: 8178 MB, 8178892800 bytes
255 heads, 63 sectors/track, 994 cylinders
Units = cylinders of 16065 * 512 = 8225280 bytes

   Device Boot      Start         End      Blocks   Id  System
/dev/sdb1               1         995     7987168+   c  W95 FAT32 (LBA)
Partition 1 has different physical/logical endings:
     phys=(993, 254, 63) logical=(994, 91, 57)
[root@localhost ~]# _
```

图 3.31　U 盘挂接在 sdb1 下

（3）运行如下命令，将 U 盘或移动硬盘挂接到/mnt/usb 上，如图 3.32 所示。

```
[root@localhost ~]# mkdir /mnt/usb
[root@localhost ~]# mount /dev/sdb1 /mnt/usb
```

（4）运行完毕，可以直接在/mnt/usb 目录下对 U 盘数据进行访问或操作。

（5）如果需要卸载 U 盘，可在命令提示符下执行如下的命令，然后拔下 U 盘，从而保证数据不会造成丢失。

```
[root@localhost ~]# mkdir /mnt/usb
mkdir: cannot create directory `/mnt/usb': File exists
[root@localhost ~]# mount /dev/sdb1 /mnt/usb
mount: /dev/sdb1 already mounted or /mnt/usb busy
mount: according to mtab, /dev/sdb1 is already mounted on /mnt/usb
[root@localhost ~]# _
```

图 3.32 加 U 盘挂接成功

[root@localhost ~]# umount |dev|sdb

如果将 U 盘或移动盘挂接到/mnt/usb 上时,出现如图 3.33 所示,说明挂接的对象格式为 ntfs,无法成功挂接。此时,如要下载 ntfs-3g 软件并安装,重新加载即可。

```
[root@localhost ~]# mount /dev/sdc1 /mnt/usb
mount: unknown filesystem type 'ntfs'
[root@localhost ~]# _
```

图 3.33 无法挂接 ntfs 格式设备

3.5 习　　题

1. 简述 Linux 树状结构的文件系统的组成。

2. 用 ls -lh 查看某个目录文件详细信息并分析"drwxr-xr-x"各项目参数意义。

3. 创建文件 file_1,使用 cp 命令将文件 file_1 复制到/tmp 目录,并改名成 file_2。写出操作文本。

4. 使用 mv 命令将 file_2 文件移动到/home 目录下,并用 ls 命令查看结果。

5. 添加系统中的所有用户对 file_1 文件的可执行权限,给 file_1 属组用户添加可写权限操作文体。

6. 写出挂载光盘和卸载光盘操作文本。

7. 在挂载 U 盘之前,可以在/mnt 目录下先建立一个专门用于挂载 USB 的目录 usb,然后写出挂载 U 盘操作文本。

第 4 章

Linux 用户管理

用户管理是 Linux 系统工作中重要的一环,用户管理包括用户与组账号的管理。所谓账号管理,是指账号的新增、删除和修改、账号规划以及权限的授予等问题。本章主要阐述了 Linux 的账户管理机制,包括用户管理和组管理。

4.1 认识用户和组

在 Linux 系统中,不论是由本机或是远程登录系统,每个系统都必须拥有一个账号,并且对于不同的系统资源拥有不同的使用权限。在 Red Hat Linux 中系统账号可分为两种类型。

(1) 用户账号:通常一个操作者拥有一个用户账号,这个操作者可能是一个具体的用户,也可能是应用程序的执行者,比如 apache、ftp 账号。每个用户都包含一个唯一的识别码,即用户 ID(User Identity,UID),以及组识别码,即组 ID(Group Identity,GID)。在 Linux 系统中可以有两种用户账号:管理员 root 用户和普通用户。

(2) 组账号:一组用户账号的集合。通过使用组账号,可以设置一组用户对文件具有相同的权限。管理员以组为单位分配对资源的访问权限,例如读取、写入或执行的权限,从而可以节省日常的维护时间。

1. 标准用户

在 Linux 安装的过程中,系统会自动创建许多用户账号,而这些默认的用户就称为"标准用户"。这些用户账号除了"root"代表超级用户之外,其余账号都是系统账号,也就是应用程序在执行时的身份。需要注意的是,标准账号是操作系统安装时自动建立的用户启动相应的应用程序,超级用户在向系统添加普通用户的时候不能和系统中已有的标准用户同名。系统中的部分标准账号如表 4.1 所示。

2. 标准组

在 Linux 安装的过程中,系统除了会自动创建默认的用户账号外,也会新增"标准组"账号。同样,除了"root"组是用来组织管理者之外,其余的账号都是提供给应用程序在执行时使用。Linux 的部分标准组如表 4.2 所示。

表 4.1　Linux 系统的部分标准账号

用户名称	用户 ID	组 ID	主目录	使用的 shell
root	0	0	/root	/bin/bash
bin	1	1	/bin	/sbin/nologin
daemon	2	2	/sbin	/sbin/nologin
adm	3	4	/var/adm	/sbin/nologin
lp	4	7	/var/spool/lpd	/sbin/nologin
sync	5	0	/sbin	/bin/sync
shutdown	6	0	/sbin	/sbin/shutdown
halt	7	0	/sbin	/sbin/halt
mail	8	12	/var/spool/mail	/sbin/nologin
news	9	13	/etc/news	/sbin/nologin
uucp	10	14	/var/spool/uucp	/sbin/nologin
operator	11	0	/root	/sbin/nologin

表 4.2　Linux 系统的部分标准组账号

组名称	组 ID(GID)	组 成 员
root	0	root
bin	1	root,bin,daemon
daemon	2	root,bin,daemon
sys	3	root,bin,adm
adm	4	root,bin,daemon
tty	5	tty1～tty7
disk	6	root
lp	7	daemon,lp

4.2　root 账号

Linux 系统中的 root 账号通常用于系统的维护和管理,它对 Linux 操作系统的所有部分具有不受限制的访问权限。

值得注意的是,系统真正关心的并不是该账号的用户名,而是该账号的用户 ID,即 UID。/etc,passwd 文件中定义的超级用户 UID 为 0,也就是说,如果某个账号的 UID 为 0,系统将会认为该用户就是超级用户。在 Linux 中超级用户登录系统的时候,系统不会对该用户进行存取限制和安全性验证,所以超级用户 root 可以操作任何人的文件或者就像文件的拥有者一样管理文件。

在大多数版本的 Linux 中,都不推荐直接使用 root 账号登录系统。当系统管理员需要从普通用户切换到超级用户时,可使用 su 或 su -命令,然后输入 root 账号的密码即可,而不用重新登录。

例 4.1：使用 su 命令切换用户。

```
[zhouqi@localhost ~]$ su        在 zhouqi 账号下使用 su 命令
Password:                       输入 root 账号密码
[root@localhost ~]#             进入 root 账号
```

使用 su -命令切换用户：

```
[zhouqi@localhost ~]$ su -      在 zhouqi 账号下使用 su 命令
Password:                       输入 root 账号密码
[root@localhost ~]#             进入 root 账号
```

需要返回原来的普通用户账号时,直接输入 exit 命令即可。如果要进入别的普通用户账号,可在 su 命令后直接加上其他账号,然后输入密码。

su 和 su -命令不同之处在于,su -切换到对应的用户时会将当前的工作目录自动转换到切换后的用户的主目录。输入后,系统将提示输入相应用户的口令,只有输入的口令正确才能完成身份的转换。如果 su 命令后没有携带用户名,系统默认从当用户切换到超级用户,并提示用户输入超级用户口令。

4.3　管理用户账号

4.3.1　Linux 的影子密码体系

在 Linux 的早期版本中,用户的账号数据,包括用户名、用户 ID、组 ID、用户的主目录和用户使用的 shell 等都保存在/etc/passwd 文件中。由于该文件对于任何用户都是可读的,因而存在口令安全隐患。在 Linux 中,为了确保用户的口令安全,在/etc/passwd 文件中不再保存用户的口令数据,用户的口令被加密后存放在/etc/shadow 文件中,passwd 文件仍然保持了所有用户的可读性,而 shadow 文件只有 root 账号才可读。这种机制称为影子密码体系。在默认安装 Linux 的时候,shadow 文件中的口令使用 MD5加密。

1. 用户账号信息——/etc/passwd

通常在 Linux 中的所有账户信息都记录在/etc/passwd 中,该文件的存取属性为644,也就是对所有用户可读,但只用 root 组中的用户才能修改。

在/etc/passwd 文件中,每一行都代表一个用户的账号信息,而每个用户的信息都是以“:”来分隔不同的字段记录,其中包含 7 个字段,如表 4.3 所示。

表 4.3　/etc/passwd 中包含的字段

字段 1	字段 2	字段 3	字段 4	字段 5	字段 6	字段 7
用户名	口令	UID	GID	账号信息	主目录	登录 shell
root	x	0	0	root	/root	/bin/bash

各字段的含义如下：

用户名——是用户登录系统时的登录名，它由 root 或是具有和 root 相同权限的管理员指定，每个用户在登录系统时都必须使用指定的登录名。

口令——即用户的登录系统时使用的密码。通常该字段是一个"x"，表示是一个经过加密处理的口令，加密后的密码给放置在/etc/shadow 文件中，且该文件只能被 root 组的账号访问。如果该字段显示"∗"则表示对应账号停用。

UID——每个账号唯一的识别号，最大可为 65 535。UID 在 500 之前的账号是提供系统服务使用的，管理员新增的第一个普通用的 UID 为 500，然后依次是 501、502，依此类推。

GID——组账号的唯一的识别号。用户组的信息被存放在/etc/group 文件中，root 组的 GID 为 0。管理员创建的第一个组的 GID 为 500，然后是 501、502，依此类推。

账号信息——主要存放用户的附加信息，如用户名称、电话或该用户的详细说明等。用户可以使用 finger 命令来查看该字段的内容，还可以利用 chfn 命令来修改其内容。

主目录——用户登录后直接进入的目录，在默认的状态下，每个用户都有一个主目录。root 用户的主目录为/root，管理员创建的用户的主目录通常为/home/<用户名>，如 zhouqi 用户主目录为/home/zhouqi。

登录 shell——用户在登录系统时使用的 shell，Red Hat Linux 9 默认使用的是/bin/bash，用户可以使用 chsh 命令更改自己的登录 shell。如果用户只是系统通过该用户账号获取系统的某种服务，而不希望该用户能够登录 Linux 工作站，可以将此登录 shell 修改为/bin/false、/bin/true、/dev/null 和/sbin/nologin 等其中之一。

2. 用户口令文件——/etc/shadow

在 Linux 系统中通常使用影子口令机制(Shadow Password)，用户的身份信息被存放在/etc/passwd 文件中，用户的口令信息加密后保存在另一个文件/etc/shadow 中，并只设置 root 账号的可读属性，因而大大提高了系统的安全性能。

在/etc/shadow 文件中有 9 个字段，每个字段使用"："分隔。其中保存了用户名、加密后的口令等信息。各字段的含义如表 4.4 所示。

影子密码机制具有以下的优点：

(1) 将原本/etc/passwd 文件中的密码移至/etc/shadow 文件中，而 shadow 文件只允许管理员 root 账户读取，可以提高系统的安全性。而且其中的密码是采用 MD5 算法加密的，root 账户也无法直接获得口令的内容，但是 root 账户可以变更用户密码或停用每个账户。

表 4.4 /etc/shadow 中包含的字段

字　段	说　　明
1	用户账号名称,如 root
2	用户加密后的口令。如果该字段的值为"!!"和"*",则表示该用户当前没有密码,也不能登录系统,这些用户通常是标准账号。其他的用户密码都是经过 MD5 加密后的内容。另外,用户任何时候都不能通过直接修改该字段的方法,来变更用户口令
3	由 1970 年 1 月 1 日算起,到最后一次修改密码的时间间隔(以日为单位)
4	密码自上次修改后,要间隔多少天数后才能再次被修改,如果为 0 则无限制
5	密码自上次修改后,最多间隔多少天数后密码必须被修改
6	如果密码有时间限制,那么在过期前多少天向用户发出警告,默认为 7 天
7	如果密码设置为必须修改,到期后仍未修改,系统自动关闭账号的天数
8	从 1970 年 1 月 1 日算起,到账号过期的天数
9	系统保留,尚未使用

(2) 可记录密码变更的时间。

(3) 可以设置密码使用的时间,以避免用户的密码变更过于频繁。

(4) 可以使用/etc/login.defs 文件来设置密码的安全性原则,例如密码的最小长度或密码最短的使用时间等。

用户管理的工作包括建立一个合法的账号、设置和管理用户的口令、修改账号的属性以及在必要时删除账号。虽然在绝大部分的类 UNIX 系统中,都支持直接修改/etc/passwd 文件来管理账号的信息,但是,如果存在/etc/shadow 文件,这种方式便会失效。

4.3.2　setuid 和 setgid

用户存储用户信息的/etc/passwd 文件只有超级用户才能进行修改,而用于存储用户口令的文件/etc/shadow 甚至只有超级用户才可以访问。只有在普通用户执行 passwd 命令的时候,能够读取和修改/etc/passwd 和/etc/shadow 文件,才能使普通用户修改自己的口令。为了解决在用户修改口令时,文件系统存取权限矛盾,Linux 给/usr/sbin/passwd 命令设置了 setuid 属性。

setuid 是一种文件的拥有者具备的特殊属性,它使得被设置了 setuid 位的程序无论被哪个用户启动,都会自动具有文件拥有者的权限,在 Linux 中典型拥有 setuid 属性的文件就是/usr/bin/passwd 程序,如图 4.1 所示。通常 setuid 属性只会设置在可执行的文件上,因为尽管理论上可以给不可执行文件加上 setuid 属性,但是这样做通常是没有意义的。

文件属性中的 s 占据的位即为 setuid 位,"s"代表对应的文件被设置了 setuid 属性,因为 passwd 程序的拥有者是超级用户 root,因此 passwd 程序执行时就自动获取了超级用户的权限,所以无论是哪个用户执行了 passwd 程序都可以修改系统的口令文件。

要给一个文件加上 setuid 属性,可以使用如下的命令:

图 4.1   passwd 文件的 setuid 属性

chmod u+s <文件名>

或

chmod 4xxx <文件名>

其中,u＋s 表示给文件的拥有者添加 setuid 属性,其属性字为 4000,xxx 代表文件原来的存取属性。

setgid 与 setuid 类似,只是 setgid 是文件归属的组具备的特殊属性,具有 setgid 的可执行文件运行时,自动获取文件对应的组权限,因为组权限不像用户权限那样精确,所以使用 setgid 的程序很少。要给某个文件添加 setgid 属性,可以使用命令:

chmod g+s <文件名>

或

chmod 2xxx <文件名>

其中,g＋s 表示给文件的归属组添加 setgid 属性,其属性字为 2000,xxx 代表文件原来的存取属性。

setuid 和 setgid 属性都是对正常的 Linux 安全机制开的后门,原则上,只有在明确的非用不可的功能中才使用它们。特别是,具有超级用户权限的 setuid 属性的应用程序经常是系统遭受攻击的目标。因此要千万慎用。

4.3.3   使用命令行管理用户

1. 添加用户账号

在 Linux 中添加用户账号可以使用 adduser 或 useradd 命令,因为 adduser 命令是指向 useradd 命令的一个链接,因此,这两个命令的使用格式完全一样。

useradd 命令的使用格式如下:

useradd [参数] 新建用户账号

常用参数和含义如表 4.5 所示。

例 4.2:建立 zhouping 账号,其主目录为/home/zhoudake、归属于 zhoudake 组、账号信息为 general user、用户 shell 为/bin/bash、账号有效期到 2016 年 12 月 11 日。命令的执行过程如图 4.2 所示。

表 4.5　useradd 中包含的字段

参　　数	含　　义
-d＜dirname＞	指定用户登录系统时的主目录,如果不使用该参数,系统自动在/home 目录下建立与用户名同名目录为主目录
-s＜shellname＞	设置用户登录系统时使用的 shell,默认为/bin/bash
-g＜GID＞	指定用户所属的组,该组的 GID 必须是在/etc/group 文件中登记过的,即该组已存在。如果不使用该参数,系统自动建立用户同名的组,并将该用户纳入该组
-c＜comment＞	用于指定账号信息字段的内容
-u＜UID＞	指定用户的 UID
-e＜expired＞	指定账号的有效期限,格式为 YYYY-MM-DD

[root@localhost ~]# useradd -d /home/zhoudak -g 500 -c "general user" -s /bin /bash -e 2016-12-1 zhouping

图 4.2　添加 zhouping

2. 变更用户口令

在 Linux 系统中,每个用户除了拥有账号外,还应该拥有相应的口令。系统管理员 root 应该在创建用户账号的时候为每个用户指定一个初始密码,用户利用此密码登录系统后,再自行修改。用户应该选择一个自己容易记忆的口令,同时还应该保证该密码的健壮性。

由于入侵者可以使用自动化的工具软件多次尝试登录系统,简单的口令很容易被破解,因此,一个健壮性高的口令应该具备以下特点:不包含个人信息,不存在键盘顺序规律,不使用字典中的单词,最好包含非字母符号,长度不小于 8 位,同时还方便记忆。

在 Linux 中,超级用户可以使用 passwd 命令为普通用户设置或修改用户口令。用户也可以直接使用该命令来修改自己的口令,而无须在命令后面使用用户名。该命令的常用格式为:

passwd [参数] 用户名

常用的参数及含义如表 4.6 所示。

例 4.3:使用 passwd 的--stdin 参数为例 4.2 中建立的 zhouping 账户设置初始口令。在终端中输入如下命令,结果如图 4.3 所示。

[root@localhost ~]#passwd zhouping -stdin

表 4.6　passwd 中包含的字段

参　　数	含　　义
-d	删除用户口令,此后该用户登录系统无须口令
-l	临时锁定用户账号,该账号此后无法登录系统,直到解锁
-u	解除账号的锁定
--stdin	在用户设置口令的时候,通常并不显示内容,并且需要用户输入两次口令以便验证两次输入是否一致。使用该参数表示在用户设置口令的时候,显示口令内容,同时只需要用户输入口令一次

图 4.3　root 账号设置 zhouping 用户初始口令

例如,zhouqi 登录系统后,变更自己的口令。命令执行的过程如图 4.4 所示。

```
[root@ localhost ~]#su zhouqi
[zhouqi@ localhost root]$ passwd
```

图 4.4　zhouqi 用户变更自己的口令

3. 查看用户信息

1) whoami 命令

该命令用户查看当前系统当前账号的用户名。由于系统管理员通常需要使用多种身份登录系统,例如通常使用普通用户登录系统,然后再以 su 命令切换到 root 身份对传统进行管理。这时候就可以使用 whoami 来查看当前用户的身份。

该命令的使用格式如下:

```
whoami
```

2) who 命令

该命令用于查看当前所有登录系统的用户信息,使用格式如下:

```
who [选项]
```

常用的参数及含义如表 4.7 所示。

表 4.7　who 中包含的字段

参　数	含　义
-m 或 am I	只显示运行 who 命令的用户名、登录终端和登录时间
-q 或--count	只显示用户的登录账号和登录用户的数量
-u	在登录时间后显示该用户最后一次操作到当前的时间间隔
-uH	显示列标题

例 4.4：使用 who 命令查看当前登录系统的用户详细信息。在终端中输入如下命令，结果如图 4.5 所示。

```
[root@localhost ~]#who -uH
```

图 4.5　who 命令查看登录账号

其中，IDLE 字段显示为"."表示该用户前一秒仍然在操作系统。who 命令输出的常用标题及含义如表 4.8 所示。

表 4.8　who 中包含的字段

NAME	LINE	TIME	IDLE	PID	COMMENT
用户名	用户登录时的终端	登录时间	用户空闲时间	登录进程 PID	用户网络地址

3）w 命令

该命令也可以查看登录当前系统的用户信息。与 who 命令相比，w 命令的功能更强大，它不但可以显示当前有哪些用户登录到系统，还可以显示这些用户正在进行的操作，并给出更加详细和科学的统计数据。w 命令的格式如下：

```
w [选项] [用户名]
```

如果 w 命令携带用户名，则只显示指定用户的信息，否则显示当前所有登录用户的信息。其常用参数和含义如表 4.9 所示。

表 4.9　w 中包含的字段

参　数	含　义
-h	不显示各列的标题
-l	显示详细信息列表，此为预设值
-s	使用短列表，不显示用户登录时间、JCPU 和 PCPU 时间
-u	忽略执行程序的名称，以及该程序的 PCPU 时间

例 4.5：使用 w 命令查看当前登录系统的用户的详细信息,显示结果如图 4.6 所示。

```
[root@ localhost ~]#w
```

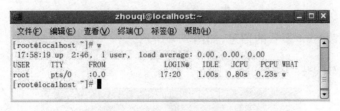

图 4.6 w 命令查看登录账号信息

w 命令输出的常用标题及含义如表 4.10 所示。

表 4.10 who 中包含的字段

USER	TTY	FROM	LOGIN@	IDLE	JCPU	PCPU	WHAT
用户名	用户登录时的终端	用户网络地址	登录时间	用户空闲时间	用户终端所有进程占用的时间	当前进程占用的时间	用户当前执行的命令

4) finger 命令

该命令用于查找指定用户,并显示该用户的相关信息。该命令常用格式如下:

```
finger [参数] [用户名]
```

该命令常用的参数有-l,可以显示特定用户的详细信息。finger -l 命令的执行结果如图 4.7 所示。

```
[root@ localhost ~]#finger -l zhouqi
```

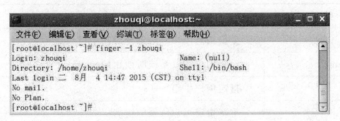

图 4.7 finger -l 命令执行

4. 修改用户信息

1) chfn 命令

该命令用于修改系统中存放的用户信息。这些用户信息包括用户全名、工作单位、工作电话和家庭电话等。

在新建一个用户时,通常没有设置用户信息,如果需要可以使用 chfn 命令设置,这些信息也是 finger 命令显示的内容,如果 chfn 命令没有携带任何用户名,表示更改当前登录系统的用户的信息,此时系统会出现一个交互式界面等待用户输入,录入完毕后,信息将被保存到/etc/passwd 文件的账号信息字段中。

该命令使用格式如下：

chfn ［用户名］

例 4.6：修改 root 账号的信息，如图 4.8 所示。

［root@ localhost ~］#chfn

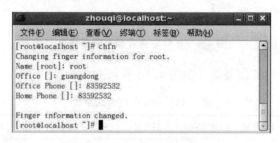

```
[root@localhost ~]# chfn
Changing finger information for root.
Name [root]: root
Office []: guangdong
Office Phone []: 83592532
Home Phone []: 83592532

Finger information changed.
[root@localhost ~]#
```

图 4.8　chfn 命令修改 root 信息

2）usermod 命令

在 Linux 中，除了在添加用户时指定用户的主目录、登录时的 shell 和所属的组外，还可以在用户创建后，使用 usermod 命令来修改用户的这些信息。usermod 命令的使用格式如下：

usermod ［选项］ ［用户名］

常用参数和含义如表 4.11 所示。

表 4.11　usermod 中包含的字段

参　　数	含　　义
-d<dirname>	重新指定用户登录系统时的主目录
-s<shellname>	设置用户登录系统时使用的 shell
-g<GID>	指定用户主组
-G<GID>	重新指定用户所属的组名
-u<UID>	重新指定用户的 UID
-e<expired>	指定账号的有效期限，格式为 YYYY-MM-DD
-c<comment>	用于指定账号信息字段的内容

例 4.7：将 zhouping 用户归于 root 组（GID 为 0），主目录指定到/home/zhouping。命令执行结果如图 4.9 所示。

［root@ localhost ~］#mkdir /home/zhouping

［root@ localhost ~］#usermod -G 0 -d /home/zhouping zhouping

［root@ localhost ~］#more /etc/passwd|grep zhouping

［root@ localhost ~］#more /etc/group|grep zhouping

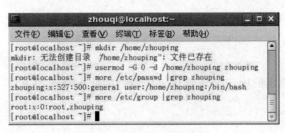

图 4.9　usermod 命令执行

5. 删除用户

为了保证系统的安全,在 Linux 系统中,如果某个用户账号不再使用,就应该从系统中删除。在 Linux 系统中可以通过直接删除/etc/passwd 和/etc/shadow 文件中对应行的办法来删除系统账号,但这种方法不利于初学者,更增加了管理员的负担。因此在 Linux 系统中提供了 userdel 命令来实现从系统中删除已有账户。

该命令的使用格式如下:

```
userdel [-r] [用户名]
```

如果使用参数-r,则表示在删除用户的同时,将该用户的主目录一并删除。

6. 在登录的用户间传递消息

在 Linux 系统中,提供了几个用于向登录用户发送消息的工具,以便管理员在需要的时候使用这些工具向其他登录用户发送系统消息。

1) mesg 命令

该命令用于设置终端机的写入权限,即如果 mesg 使用 y 参数表示允许其他用户将消息传到自己的终端机界面上。如果 mesg 使用 n 参数表示不允许其他用户将消息传到自己的终端机界面上。该命令的使用格式如下:

```
mesg [选项]
```

常用参数和含义如表 4.12 所示。

表 4.12　mesg 中包含的字段

参　数	含　义
y	允许其他用户将消息传到自己的终端机界面上
n	不允许其他用户将消息传到自己的终端机界面上

2) wall 命令

该命令能将消息内容发送给每一个在线的用户,但是该用户必须首先使用 mesg 命令允许其他用户将消息传到其终端上。改名的使用格式如下:

```
wall <message>
```

也可以直接使用 wall，然后输入信息，不过信息结束时需加上 EOF（使用键盘键 Ctrl＋D）。

3）write 命令

该命令可以向指定的用户发送信息。该命令的使用格式如下：

```
write <username> [ttyname]
```

其中，参数 ttyname 是可选项，当一个用户多次登录系统时，可以选择使用该参数指定其登录的终端。

例 4.8：通过 write 命令向 zhouqi 用户发送消息。

```
[root@localhost ~]#write zhouqi
```

然后输入欲发送的消息，然后使用 EOF（使用键盘键 Ctrl＋D）结束消息，执行结果如图 4.10 所示。

图 4.10　write 发送消息

说明：要向 zhouqi 发送信息，zhouqi 必须已登录。

4.3.4　批量建立用户账号

在 Linux 中，提供了 newusers 和 chpasswd 工具用户创建批量用户，以减轻管理员的工作量，并减少错误的发生率。步骤如下：

（1）创建用户信息文件。其中按照/etc/passwd 文件的字段格式和次序，一行一个用户信息。

（2）执行 newusers 工具，读取用户信息。

（3）将读取的信息依次在/etc/passwd 和/etc/shadow 文件中创建记录，以新建批量用户。

以下配合一个实例，来介绍如何使用 Linux 提供的 newusers 和 chpasswd 等工具新建批量用户账号。

1. 创建用户信息文件

批量创建用户的第一步就是为用户准备信息文件，该用户信息文件必须按照/etc/passwd 定义的字段含义和次序来创建。同时，每个用户账号的名称及用户 ID 都不能相同，而口令字段可以先使用空白，或使用 x 代替以增加安全性。假设新增用户的信息存放在/root/ac_inf 文件中，其内容如图 4.11 所示。

```
[root@localhost ~]#more ac_inf
```

图 4.11　创建用户信息文件

说明：如果没有 ac_inf，请读者自己建立此文件；如果没有/home/student，同理也要创建。

2. 使用 newusers 工具批量创建用户

在/usr/sbin/目录下的 newusers 工具主要的功能就是利用用户信息文件来更新或创建用户账号。在 Linux 系统中，提供了输入重定向符＜和＜＜来将 ac_inf 文件作为 newusers 工具的输入。newusers 工具使用很简单，系统会根据用户信息文件中的数据来新建用户账号，如图 4.12 所示。

```
[root@ localhost ~]#newusers <  /root/ac_inf
[root@ localhost ~]#more /etc/passwd |tail -5
```

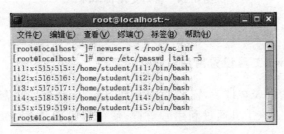

图 4.12　newusers 工具创建用户

3. 取消影子口令机制

在 Linux 系统的/usr/sbin 目录下，提供的 pwunconv 程序能够将/etc/shadow 产生的影子口令译码，然后回写到/etc/passwd 文件中，同时也将/etc/shadow 文件中的口令字段删除，以取消影子口令机制。该命令的执行及执行后/etc/passwd 文件和/etc/shadow 文件的变化如图 4.13 所示。

```
[root@ localhost ~]#pwunconv
[root@ localhost ~]#more /etc/passwd |tail -5
[root@ localhost ~]#more /etc/shadow |tail -5
```

4. 创建密码文件

按照 ac_inf 文件的账号创建对应的口令表文件，该文件仅需两个字段：第一个字段

图 4.13　取消影子口令

是 ac_inf 文件中的用户名；第二个字段是明文口令，以"："分隔。这里以新增的/root/password 文件为例，其内容如图 4.14 所示。

```
[root@localhost ~]#more /root/password
```

图 4.14　密码文件 password

说明：如果没有 password，请读者自己建立此文件。

5. 使用 chpasswd 工具设置用户口令

在创建对应的密码表文件后，需要使用工具 chpasswd 程序将密码文件中的口令导入/etc/passwd 文件。该工具通过利用管道符，使得密码表文件/root/password 作为输入，其用法如图 4.15 所示。

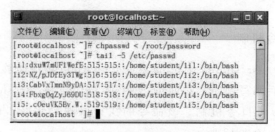

图 4.15　向/etc/passwd 文件导入口令

```
[root@localhost ~]#chpasswd </root/password
[root@localhost ~]#tail -5 /etc/passwd
```

该工具执行成功是没有任何信息，此时再次查看/etc/passwd 文件时，发现其中的口令已经被更改。这说明对应的密码表文件中的口令已经被导入了。为了确保系统口令的安全性，接着应该恢复系统的影子口令机制。

6. 重设影子口令机制

在成功地将用户口令写入/etc/passwd 文件之后,就应该启用系统的影子口令机制,以增强系统的安全性能。在这一步骤可以使用/usr/sbin/pwconv 工具,将密码进行 MD5 加密后,写入/etc/shadow 文件中。在执行/usr/sbin/pwconv 程序后,原来出现在/etc/passwd文件中的密码会使用"x"记号取代。该命令执行如图 4.16 所示。

```
[root@ localhost ~]#pwconv
[root@ localhost ~]#tail -5 /etc/passwd
```

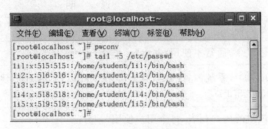

图 4.16　重设影子口令

完成第 6 步后,就可以利用新建的账户登录系统了。使用上述的方法在向系统新增大量用户的时候是非常有效的。如果能够配合 shell 脚本使用上面的工具,就可以大大降低管理员在批量创建用户时的工作负担,同时也能防止由于管理员的过失而导致的错误,增进系统的日常维护能力。

下面用 li2 或 li1 用户名,密码 77qq@li2 或 77qq@li1 测试登录,登录成果如图 4.17 所示。

图 4.17　测试登录成功

4.4　管理用户组

在 Linux 中通常将已有的用户账号归属于某个组,这样在进行账号管理时,就可以组为基本单位,然后再授予组对某些资源的存取权限,此后,该组中的所有成员都可以拥有对该资源同样的存取权限,管理员也可以节省日常维护的时间。

4.4.1　理解组账号信息文件/etc/group

在 Linux 中,所有的组账号信息被放置在/etc/group 文件中,和/etc/passwd 文件类似,/etc/group 文件的每一行都代表一个组,并且每个字段使用":"进行分隔,各字段的含义如表 4.13 所示。

表 4.13　group 中包含的字段

字　段	说　　明
1	组账号名称
2	组账号口令,通常不使用,并以"x"填充
3	组 ID(GID),系统内置的组,其 GID 在 500 以内,管理员建立的组从 500 开始,依次是 500、501…
4	属于该组的用户列表,每个用户使用","分隔

和用户影子口令机制类似,/etc/group 文件也包含了一个对应的/etc/gshadow 文件,用来提升其口令的安全性。如果系统中启用了/etc/gshadow 文件,那么直接利用/etc/group 文件创建组账号的方法就会失败,因而必须使用稍后介绍的专用工具。

4.4.2　使用命令行方式管理组

1. groupadd 命令

该命令用于向系统新增一个组,新增的组账号在默认的情况下最小从 500 开始。通常的情况下,其命令格式如下:

```
groupadd [选项] [组名]
```

groupadd 工具无须使用参数,但在某些特殊情况下,需要使用如表 4.14 所示的参数。

表 4.14　groupadd 中包含的字段

参　数	含　义
-g<GID>	指定组 GID 号
-r	添加一个系统组,即 GID 小于 499 的组

例如,向系统新增一个系统组 workg 组,其 GID 为 480。具体操作如下,完成后用使用 tail 命令查看详细情况,过程如图 4.18 所示。

```
[root@localhost ~]#groupadd -g 480 workg
[root@localhost ~]#tail -1 /etc/group
```

图 4.18　新增 workg 组

2. groupmod 命令

管理员有时候可能需要更改组账号的内容,此时可以使用 groupmod 命令。其命令格式如下:

`groupmod [选项] [组名]`

常用参数和含义如表 4.15 所示。

表 4.15　groupmod 中包含的字段

参　　数	含　　义
-g<GID>	重新指定组 GID 号
-o	重复使用组 GID 号
-n<gname>	重设组账号名称

例 4.9:将 workg 组更名为 woroot,其 GID 变更为 0,具体操作如下,操作完成后使用 more 命令查看结果,如图 4.19 所示。

`[root@ localhost ~]#groupmod -g 0 -o -n woroot workg`

`[root@ localhost ~]#more/etc/group|grop woroot`

图 4.19　groupmod 命令示例

3. groupdel 命令

在向系统创建用户账号的时候,系统会自动创建与该账号同名的组,但是在删除该用户账号的时候,系统并不会自动删除该组,因此需要系统管理员手动删除该组账号。

groupdel命令提供了删除特定组账号的工具,该命令无须任何参数。其使用格式如下:

```
groupdel <组账号>
```

4.4.3 组账号信息文件/etc/group

在 Linux 中,所有的组账号信息都被放置在/etc/group 文件中。和/etc/passwd 文件类似,/etc/group 文件中的每一行都代表一个组,并且各个字段之间使用":"进行分隔。/etc/group/文件的部分内容如图 4.20 所示。

图 4.20 group 组

4.5 习　　题

1. 建立 zhanghao 账号,其主目录为/home/zhanghao 归属于 zhanghao 组、账号信息为 general user、用户 shell 为/bin/bash、账号有效期到 2018 年 9 月 11 日。

2. 使用 passwd 的--stdin 参数为第 1 题中建立的 zhanghao 账户设置初始口令,然后用 zhanghao 登录系统后,变更自己的口令。

3. 将 zhanghao 用户归于 root 组(GID 为 0),主目录指定到/home/zhanghao,通过 write 命令向 zhouqi 用户发送消息。

4. 向系统新增一个系统组 gzz 组,其 GID 为 480。

5. 根据以下步骤,自定义创建批量用户。

(1) 创建用户信息文件。其中按照/etc/passwd 文件的字段格式和次序,一行一个用户信息。

(2) 执行 newusers 工具,读取用户信息。

(3) 将读取的信息依次在/etc/passwd 和/etc/shadow 文件中创建记录,以新建批量用户。

以下配合一个实例,介绍如何使用 Linux 提供的 newusers 和 chpasswd 等工具新建批量用户账号。

第 5 章

Linux 的 shell 程序

shell 的原意是外壳，用来形容物体外部架构。各种操作系统都有自己的 shell，在 DOS 系统中，它的 shell 就是 command.com 程序，而 Windows 操作系统的程序 shell 是 explorer.exe 程序。与 Windows 等操作系统不同，Linux 系统中将 shell 独立于操作系统核心程序之外，使得用户可以在不影响操作系统本身的情况下进行修改，更新版本或添加新的功能。

5.1 shell 的简介

操作系统的 shell 程序，介于用户和操作系统内核（Kernel）之间，负责将用户的命令解释成操作系统可以接受的指令，然后由操作系统来执行这些指令，并将操作系统执行的结果以用户可以了解的方式反馈给用户。

5.1.1 shell 及 shell 编程

在 Linux 系统中，shell 是操作系统的外壳，为用户提供使用操作系统的接口，它是命令语言、命令解释程序和程序设计语言的统称。

shell 是用户和操作系统之间的一个接口。用户在命令提示符下输入的每个命令都首先由 shell 程序进行解释，然后再传给 Linux 内核。

shell 是一个命令解释器。它拥有自己内建的 shell 命令集，可以用它来启动、挂起、停止一些程序。此外 shell 也能被系统中的其他有效的 Linux 应用程序所调用。

shell 还是一个解释型的程序设计语言。shell 程序设计语言支持绝大多数高级程序设计语言中常用的元素，比如函数、变量、数组和控制结构。shell 编程简单易学，在任何命令提示符中能输入的命令都可以在 shell 程序中使用。而且一旦掌握，它将成为工作中的得力工具。

和 DOS 和 Windows 不同，Linux 提供了多种 shell 程序供用户选择使用，使用不同类型 shell 的原因是它们都有各自的特点。一般某个用户登录系统时的 shell 都在/etc/passwd 文件的最后一个字段中定义，用户可以通过修改该字段来替换其使用的 shell。

另外,用户在文本模式下登录系统后,Linux 的初始化程序 initd 就会为每个用户启动一个 shell,可以使用 Alt+F1~F6 键来获取 shell 提供的多个虚拟控制台,使用虚拟控制台的最大好处就是,当一个虚拟控制台上的程序由于出错而锁住输入时,用户可以进入另一个虚拟控制台,然后杀死该进程。如果系统使用了 X Window 的图形模式,那么虚拟终端的切换就要使用 Ctrl+Alt+F1~F6 键。

5.1.2　bash

在 Linux 中,用户可以选择使用多种不同类型的 shell。在 Linux 的/etc/shells 文件中,列出了目前系统可以使用的 shell。并且给出了这些 shell 程序的位置。具体如图 5.1 所示。

```
[root@localhost ~]#more /etc/shells
```

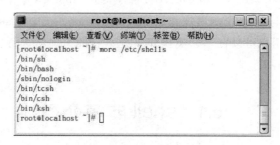

图 5.1　不同类型的 shell

最常用的几种 shell 是 Bourne shell(sh)、C shell(csh)、Ash shell(ash)、Korn shell(ksh)和 Bourne Again shell(bash)等。每种 shell 都有自己的特点,一般的 Linux 系统默认使用 bash。

1. bash 简介

Bourne shell 是最早被大量使用及标准化的 shell,几乎所有的 Linux 都支持它。它是由贝尔实验室开发的,由于开发者是 Steven Bourne,所以被命名为 Bourne shell。Bourne Again shell(bash)是 Bourne shell 的扩展,与 Bourne shell 完全兼容,并且在其基础上增加和增强了很多功能。其中包括了很多 csh 和 ksh 的优点。bash 不仅有非常灵活和强大的编程接口,同时又有非常友好的用户界面。它内建 40 个 shell 命令和 12 个命令行参数。目前 bash 是大多数 Linux 默认的 shell。

bash 有许多特色,可以使用方向键查阅以前输入的命令,即 history 功能。可以对命令行进行编辑,甚至可以在忘记了命令名时请求 shell 通过命令行补齐进行帮助,方法就是在输入命令的一部分时,再按下 Tab 键即可。例如,在命令行提示符下输入 ls,再按下 Tab 键,bash 会帮助用户列出所有以 ls 开头的命令名,供用户选择,如图 5.2 所示。

```
[root@localhost ~]#ls (+Tab 键)
```

bash 也内建了帮助功能,可以给出所有内建命令和每个系统命令的帮助信息。可以

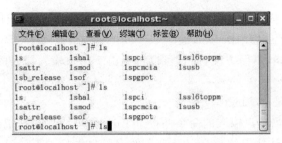

图 5.2　bash 的命令行补齐

使用"help ＜命令名＞"的方法获得指定命令的帮助信息。

在 Linux 中环境表变量 SHELL 记录了系统当前使用的 shell 程序的名称,可以通过返回环境变量 SHELL 的值来查看当前系统使用的 shell 程序,如图 5.3 所示。

```
[root@ localhost ~]#echo $SHELL
```

图 5.3　查看系统当前的 shell

2. bash 的功能

shell 是操作系统的外壳。RedHat Linux 9 中默认使用的 shell 是 bash,它为用户提供使用操作系统的接口,承担着用户与操作系统内核之间进行沟通的任务。除此之外,bash 程序还兼备如下的功能:

1) 交互式处理

从用户登录系统开始,shell 程序就是在系统终端中显示不同的命令行提示符(root 用户登录系统则提示符显示"♯",普通用户登录则显示"＄"),然后等待用户输入命令。在接收来自用户输入的命令后,bash 会根据命令的不同的类型(包括程序或 shell 内置命令)来执行,在执行完毕后,bash 将结果回传给用户,并且再次回到命令提示符,以等待用户的下一次输入。这种模式会一直继续下去,直到用户执行 exit 或是按下 Ctrl＋D 键来注销,bash 才会结束,bash 的这种与用户沟通的方式称为"交互式处理"。

2) 命令补全功能

所谓"命令补全",是指在用户输入命令的时候,无须输入完整的命令行,Linux 系统的 shell 会自动查找出最符合的命令名称,供用户选择。这样的功能可以帮用户节省输入长串命令的时间。例如,在/root 目录下有一个 testexecvp.c 文件,如果想查看其中的内容,并不需要完整输入该文件的名称,而只要输入开头的几个字母,即输入 more /root/teste,然后按下 Tab 键一次,Linux 的 bash 会自动补足完整的命令(more /root/testexecvp.c)。

另一种情况就是,如果系统中有多个文件都与输入的前缀相同,那么当用户连续按下两次 Tab 键时,系统会显示当前目录下所有具有相同前缀的文件名称,供用户选择。例如,输入 more test 后按两次 Tab 键。

shell 的补全功能,不但方便,而且可以避免由于用户输入错误的路径而执行错误的程序。

3) 查阅历史记录——history 命令

在 Linux 中,每当用户输入的命令并按下 Enter 键后,都会被记录在命令记录表中,默认情况下,bash 默认使用的命令记录表文件为用户主目录下的. bash_history(文件名前面的"."表示这是一个隐藏文件)文件。可以使用环境变量 HISTSIZE 来定义命令记录表的条数,默认的记录条数为 1000 条。

在 Linux 中可以直接浏览. bash_history 文件,或使用 history 命令来查看目前的命令记录,如图 5.4 所示。

```
[root@ localhost ~]#history
```

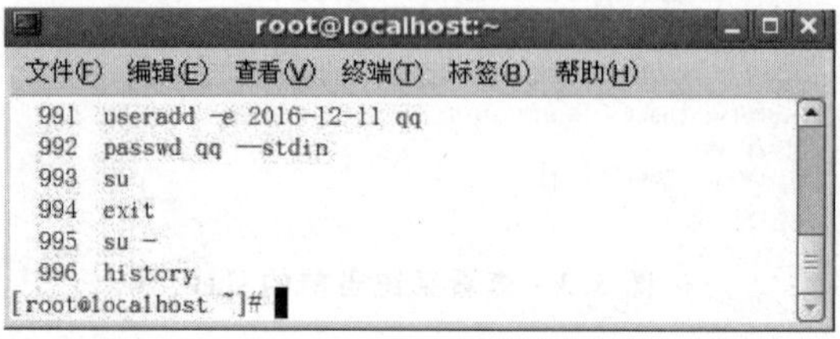

图 5.4　history

系统提供的 history 命令可以列出完整的系统在该用户登录时执行过的所有命令,并以命令执行的先后顺序列出记录的号码。如果要查看最近执行的命令,则可以使用 history n 命令,其中,n 表示需要查看的最近执行的命令的条数。如图 5.5 所示,列出系统最近执行的 8 条命令。

```
[root@ localhost ~]#history 8
```

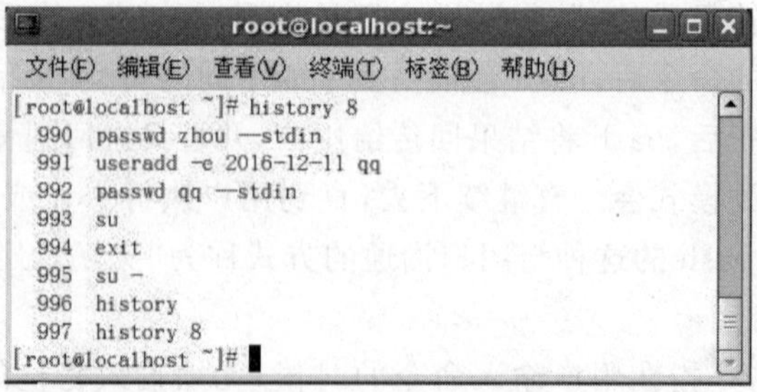

图 5.5　history 前 n

bash 的 history 功能提供了一种执行命令的最快的方法,就是使用命令记录号码。在 Linux 的命令记录中,每条用户执行过的命令都会被赋一个记录号码,用户可以利用这些记录号码来执行指定的要执行的旧命令。其语法如下:

```
!<记录号>
```

例 5.1：要执行 996 条记录标记的命令，可以在命令行提示符下执行如下：

```
[root@localhost ~]#!991
```

结果如图 5.6 所示。

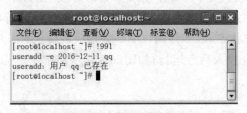

图 5.6　使用!执行命令

4）别名（alias）功能

Linux 中的别名功能是指提供给用户使用自定义的简单字符串，来替换复杂的命令选项，或是替换连续多个命令的连续组合的功能，从而使得用户可以自定义符合自己习惯的操作命令。

例 5.2：对于熟悉 DOS 和 Windows 的用户来说，dir 命令可以方便地显示当前目录的内容，但是在 Linux 中完成该功能的命令是 ls -l。如果希望使用 dir 来代替 ls -l，则可以使用 alias 功能来创建一个到 ls -l 的别名，如图 5.7 所示。

```
[root@localhost ~]#alias dir= 'ls -l'
[root@localhost ~]#dir
```

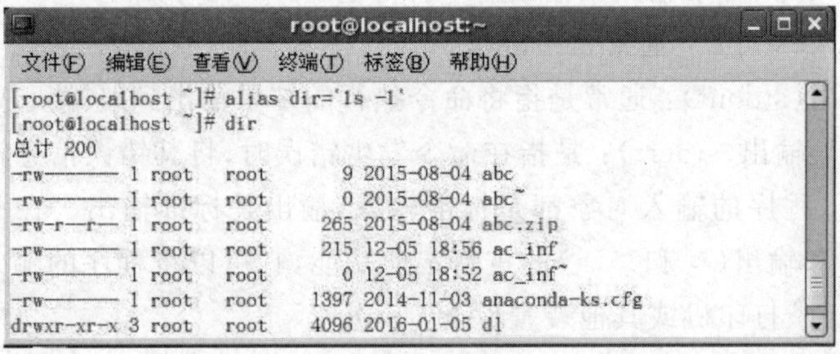

图 5.7　alias

如果希望查看当前 Linux 系统中使用的别名命令，可以直接输入 alias 命令。如果需要取消特定的别名命令，可以使用 unalias 命令。例如，取消 dir 别名命令可使用如下命令。

```
[root@localhost ~]#unalias dir
```

5）后台处理

Linux 是多用户多任务的操作系统，它允许多个用户同时登录系统，也允许多个程序同时执行。但因为 shell 使用交互式模式，目前执行的命令会一直掌握系统的控制权，直到该程序结束为止，这类程序称为前台程序（Foreground）。shell 采用的这种前台程序接管系统控制权的模式，使得个别用户无法使用 Linux 提供的多任务功能来增加效率，因此,shell 提供了后台处理功能来解决上述问题。

通常,Linux 后台运行的都是比较耗时的程序,如编译核心或是下载 Linux 的安装文件等,但是后台任务在执行期间,用户仍然可以和 shell 继续交互,以下达其他的命令。要在 Linux 中要执行后台程序,只要在输入命令的时候,在命令后面加上"&"符号。系统就会开始以后台的方式执行该命令,屏幕将显示该后台运行程序的进程 PID,然后 shell 将回到命令提示符状态,以等待用户下一条命令的输入。

例 5.3：将 top 命令投入后台运行,如图 5.8 所示。

```
[root@localhost ~]#top &
```

图 5.8　后台运行 top

当前某个任务在前台运行之后,就无法使用"&"将它投入后台运行,但是可以先使用 Ctrl+Z 组合键暂停该程序,然后在命令提示符下输入 bg 命令,即可将该任务投入后台执行。

如果要查看目前系统中正在运行的后台程序,可以使用 jobs 命令。

6) 输入/输出重定向

在 Linux 系统中,标准输入和输出有 3 种形态。

(1) 标准输入(stdin)：通常是指键盘。

(2) 标准输出(stdout)：通常是指将命令执行的结果输出到终端机或屏幕上。

(3) 标准错误输出(stderr)：是指在命令发生错误时,将其错误信息输出到屏幕上。

一般情况下,程序的输入对象都是标准输入,输出是标准输出。在 Linux 中提供了输入(<和<<)和输出(>和>>)的重新定向功能,它可以将程序的输入和输出由标准设备重定向到文件、打印机或其他装置(/dev/null)。

这里重定向(>和<)是改写重定向,就是会删除原来的文件,而重定向(>>和<<)是追加重定向,就是新的内容将被添加到文件原来内容的后面。

例 5.4：先使用 ls 命令查看/etc/xinetd.d 的内容,然后将查看结果重定向到 ls_res 文件中。其命令和执行结果如图 5.9 所示。

```
[root@localhost ~]#ls -l /etc/xinetd.d> ls_res
```

然后也可以使用输入重定向查看 ls_res 文件,可在命令提示符中输入如下命令：

```
[root@localhost ~]#cat< ls_res
```

7) 管道

管道功能可以将多个命令集成到一起,以执行一个较为复杂的工作,除了第一个和最后一个命令之外,每个命令的输入都是前一个命令的输出,而每个命令的输出也将成

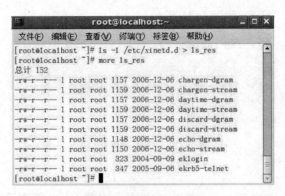

图 5.9　重定向到 ls_res

为下一个命令的输入。例如：

```
[root@localhost ~]#ls -l /usr/bin | grep lib |less
```

以上的命令执行的过程是先列出/usr/bin 目录的所有内容,然后通过管道(|)将 ls 命令的结果传给 grep 命令,当成其标准输入,接着 grep 会由此输入中查找含有 lib 的字符串文件,最后将搜索的结果再通过管道传给 less 命令。

3. bash 中的特殊字符

在 Linux 下有一些符号会被 shell 特殊对待,这些符号可以用来指定特殊的范围或功能,除了前面介绍的外,例如>、>>、<、<<、|和!,还有以下可以在 shell 中使用的特殊字符。

1) 通配符(＊和?)

"＊"和"?"是 Linux 系统中最常用的两个通配符,在字符串查找的时候,通配符可以代替任意的字符。其中"?"可以代替一个任意字符,"＊"可以代替任意多个字符。

例 5.5:执行"ls -l /etc/pre＊"命令就会列出/etc 目录下以 pre 开头的文件名,如图 5.10 所示。

```
[root@localhost ~]#ls -l /etc/pre＊
```

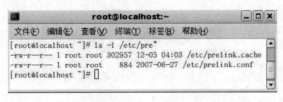

图 5.10　通配符 ＊

2) 命令取代符(')

命令取代符"'"在 Esc 键下方,与"～"符号在同一个键上。两个"'"符号包围的命令,是该命令行中首先被执行的命令。

例 5.6:"echo 'date'"命令,首先执行 date 命令,然后使用 echo 来显示 date 命令的结

果,而不是显示字符串 date,如图 5.11 所示。

```
[root@ localhost ~]#echo 'date'
```

图 5.11　命令取代符(')

3) 命令分隔符(;)

如果需要执行一连串的命令,可以一次输入这些命令,而在命令间使用";"分隔,
Linux 的 shell 会一次解释并执行这些命令。

例 5.7:在 Linux 的终端中,从/root 目录下先执行 cd /etc 命令,然后再执行 more
passwd 命令来查看/etc/passwd 文件的内容,其过程如图 5.12 所示。

```
[root@ localhost ~]#cd /etc ; more passwd
```

图 5.12　命令分隔符(;)

4) 注释符(♯)

注释符"♯"通常使用在 Linux 的 shell 脚本程序或应用程序的配置文件中,使用
"♯"开头的行为注释行,shell 在解释该脚本程序的时候不会执行该行。对于有经验的程
序员来说,注释行的使用可以增加程序的可读性,也可以使日后的维护更加简单。

5.2　创建和执行 shell 程序

随着 Linux 图形界面的日益完善,依靠 GNOME 或 KDE 提供的图形界面已经能够
完成大部分基本的应用。但是图形界面的功能是有限的,只能完成一些可以预见的功
能。例如,如果需要大批量地创建系统用户,使用图形界面是非常耗时的。此时就可以
选择使用 shell 脚本程序。Linux 的 shell 程序是一个非常有用且很容易掌握的工具,可
以帮助用户轻松地完成繁重的任务,提高使用和维护系统的效率。另外,Linux 的图形界
面也是通过 shell 脚本解释启动的,很多应用程序本身就是一个 shell 程序。

shell 程序与 C 语言等高级语言程序不同,shell 程序是通过 shell 命令解释器解释执

行的,不生成二进制的可执行代码,这一点和 DOS 下的批处理文件类似。不同的 shell
解释器对应的 shell 程序的语法也不完全相同。由于 bash 是 Linux 下默认提供的 shell
解释器,并且 bash 也是使用最广泛、与其他 shell 兼容性最好的解释器,因此下面介绍的
shell 程序的知识都是基于 bash 解释器的。

创建和执行一个 shell 程序非常简单,一般需要以下 3 个步骤:

(1) 利用文本编辑器创建脚本内容。

(2) 使用 chmod 命令设置脚本的可执行属性。

(3) 执行脚本。

一个合法的 shell 脚本程序,都是以 shell 解释器声明开始的,即在 shell 程序的第一
行。其中“♯!”后面的“/bin/bash”,表示实际使用的解释器。例如,以 perl 作为 shell 解
释器,则该声明可以是“/usr/bin/perl”。

在前面章节中,我们介绍了使用 Linux 的命令批量建立用户账号的方法,下面以此
应用为例介绍如何创建和执行 shell 脚本程序。

1. 创建 shell 程序

在 Linux 的命令提示符下使用 gedit addusers. sh 或 vi addusers. sh,创建文本文件
addusers. sh.

例 5.8: 如图 5.13 所示,在系统打开的文本编辑窗口中输入如下的语句(其中行首
编号除外)。输入完毕后保存退出。

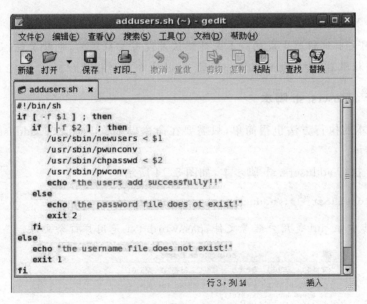

图 5.13　录入 addusers. sh

```
[root@localhost ~]#gedit addusers.sh
1  #!/bin/sh
2  if[-f $1]; then
3    if[-f $2] ; then
```

```
4      /usr/sbin/newusers<$1
5      /usr/sbin/pwunconv
6      /usr/sbin/chpasswd<$2
7      /usr/sbin/pwconv
8      echo "the users add successfully!!"
9    else
10       echo "the password file does not exist!"
11       exit 2
12    fi
13  else
14    echo "the username file does not exist!"
15    exit 1
16  fi
```

第一行表示这是一个 shell 脚本文件,其内容由/bin/sh 程序来解释执行。第二行到第八行表示当该 shell 程序执行时,如果从命令行中接受的两个文件存在,就执行添加用户的步骤,并给出"the users add successfully!!"提示。否则给出文件不存在的提示。

2. 设置 addusers. sh 文件的可执行属性

addusers. sh 文件编辑完毕并保存后,在命令提示符下执行如下命令,设置其可执行的属性(假设 addusers. sh 文件保存在/root 目录下)。

```
[root@ localhost ~]#chmod a+x addusers.sh
```

说明:用文本编辑器生成的脚本文件默认是没有 x 权限的,也就是说,是不可以直接执行的,赋予权限后,脚本就可以像一般的 shell 命令那样被执行。

3. 执行 addusers. sh 脚本

shell 脚本的执行方法也很简单,只需要在命令提示符下输入"./addusers. sh ac_inf password"即可。

例 5.9:执行 addusers. sh 脚步本,如图 5.14 所示。

```
[root@ localhost ~]#./addusers.sh ac_inf password
```

说明:其中 ac_inf 是用户账号文件,password. txt 是用户口令文件。

图 5.14　运行 addusers. sh

5.3　shell 环境变量及设置文件

5.3.1　shell 的环境变量

在 Linux 的 shell 中使用的变量分为以下环境变量、内部变量和用户变量 3 类。环境变量是 Linux 系统环境的一部分,通常不需要用户去定义。shell 使用环境变量来存储系统信息,这些变量可以提供给在 shell 中执行的程序使用,不同的 shell 会有不同的环境变量及其设置的方法。内部变量是由系统提供的,用户不能修改它们。用户变量是用户在编写 shell 脚本的时候定义的,可以在 shell 脚本中任意使用和修改。

说明：如果希望一个用户定义的变量能够在定义它的 shell 脚本以外使用,就必须使用 export 命令。例如,export var 命令就是将用户定义的变量 var 添加到系统变量列表中,这样就可以在定义 var 变量脚本以外的地方使用。

在 Linux 的 bash 中可以使用 set 命令来查看系统当前的环境变量及其取值,如图 5.15 所示。

```
[root@localhost ~]#set |tail -10
```

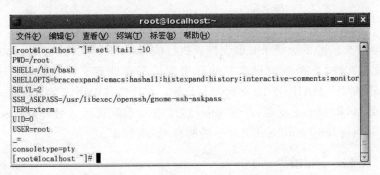

图 5.15　查看 Linux 的环境变量

说明：由于 Linux 的环境变量很多,这里利用管道符和 tail 命令与 set 命令结合只显示系统环境变量的最后 10 个。

若要查看当前某个环境变量的值,可以使用 echo 命令,并在环境变量的前面加上“$”即可。例如,查看当前的命令主提示符,可以输入如下命令：

```
[root@localhost ~]#echo $PS1
```

结果如图 5.16 所示。

图 5.16　查看环境变量 PS1

命令主提示符是 Linux 的 shell 程序为用户输入命令而设置的提示符。环境变量 PS1 的值就是命令主提示符,默认为"[\u@\h \W]\ $",其中"[""、"]"和"@"原样显示; "\u"表示相应位置显示当前登录的用户账号;"\h"表示相应位置显示主机名;"\W"表示 相应位置当前工作目录;"\ $"表示如果当前登录账号是超级用户就显示"♯",如果是普 通用户就显示"$"。

环境变量 PATH 记录了命令执行时的默认的搜索路径,即当用户在命令提示符后 输入命令时,Linux 系统会按照 PATH 设置的路径搜索该命令,然后再执行该命令。 PATH 变量的值由多个路径组成,各路径之间使用":"隔开。

5.3.2　shell 配置文件

用户可以通过 set 命令来查看和设置常用的环境变量,但是在系统启动的时候, Linux 并不是通过 set 命令来设置这些变量的,而是通过读取相应的 shell 配置文件来获 取环境变量的值的。在 Linux 的 bash 中其配置文件有全局的配置文件,也有用户个人 的配置文件,shell 在检查这些文件的时候,遵循如下的顺序:/etc/profile→~/. bashrc_ profile→~/. bashrc→/etc/bashrc。其中/etc/profile 和/etc/bashrc 文件中包含了全局 环境变量的设置,~/. bashrc_profile 和~/. bashrc 文件中包含了个人环境变量的设置。

1. /etc/profile 文件

etc/profile 文件是系统登录时最先检查执行的 shell 配置文件,也是 Linux 系统最主 要的 shell 配置文件,有关系统最重要的环境变量都在此定义,如当前系统的 PATH、 USER、LOGNAME、MAIL 和 HOSTNAME 等。在该文件中还定义了每个 shell 所能执 行的程序的数目,即 ulimit 变量,以免 shell 过度占用系统资源。另外,在/etc/profile 文 件末尾会自动执行/etc/profile. d 目录下的所有 * . sh 脚本。

2. ~/. bashrc_profile

每个系统用户的子目录下都有一个. bashrc_profile 文件,用于设置每个用户的 bash 环境变量,Linux 系统启动时,在读取/etc/profile 文件的内容之后,就会检查该文件。

在该文件中,首先读取并执行~/. bashrc 文件,然后设置 PATH、BASH_ENV 和 USERNAME 的值。此处的 PATH 变量的值,除了在全局环境配置文件/etc/profile 文 件中设置的 PATH 的值以外,还添加了用户主目录下的 bin 目录。BASH_ENV 的值则 是接下来需要检查的文件的名称。

3. ~/. bashrc

在读取~/. bashrc_profile 文件的过程中,Linux 会在执行~/. bashrc_profile 文件 的内部中调用并执行~/. bashrc 文件。另外,与前面两个文件不同,Linux 系统每次用户 登录 bash 的时候都会读取~/. bashrc 文件,并重新设置该文件中定义的环境变量。而 /etc/profile 和~/. bashrc_profile 只在系统启动的时候才读取。

在~/. bashrc 文件中只定义了某些别名命令和虚拟终端的设置。例如,如果 telnet

登录时,无法浏览超过一页的信息或文件内容,此时可以在该文件中添加如下行:

```
export TERM=vt100
```

另外在该文件的最后还检查/etc/bashrc 文件是否存在,如果存在则转而读取并执行该文件。

4. /etc/bashrc

和~/.bashrc 文件一样,用户每次登录 Linux 系统的时候,都会自动读取并执行该文件。在该文件中设置了系统创建文件时默认的文件存取权限的掩码 umask 的值和用户自定义的命令提示符 PS1。

除了上面介绍的常用的环境变量配置文件以外,还有~/.bash_login、~/.profile、~/.bash_logout 和~/.bash_history 文件,用于系统环境变量的定义。如果~/.bash_profile 文件不存在时,系统会转而读取~/.bashrc 文件。该文件在每次用户登录时都会被 bash 读取并执行。通常可以将用户登录后必须执行的命令存放在这个文件中。如果~/.bash_profile 和~/.bash_login 文件都不存在的情况下,系统会使用~/.profile 文件中的内容设置当前环境变量的值,其功能与~/.bash_profile 文件完全相同。

Linux 系统在注销前,bash 会读取并执行~/.bash_logout。通常该文件中只有一个 clear 清屏命令。如果希望在系统注销前执行一些特定的任务,就可以将相应的命令行写入该文件。

~/.bash_history 文件用于记录当前用户在登录系统后所执行过的命令。

5.4　shell 脚本编程

shell 脚本程序,简称 shell 脚本或 shell 程序,是使用系统提供的命令编写的文本文件,该文件具有可执行的属性,能够帮助系统管理员自动管理系统。在 Linux 的发行版本中就包含了很多的 shell 程序,这些脚本有的是为了完成系统参数的设置,例如前面介绍的/etc/profile 等文件;有的是为了完成某项系统服务的启动工作,例如/etc/rc.d/init.d 目录下的所有脚本。

5.4.1　shell 变量

shell 程序语法和其他高级语言程序类似,包括变量、控制结构和函数等。

1. 变量类型与使用

bash 脚本是一种弱类型的脚本语言。所谓弱类型脚本语言,就是在 bash 脚本中,对类型的要求不严格,同一个变量可以随着使用场合的不同,存储不同类型的数据。弱类型语言变量使用灵活,但是编程者需要注意对变量当前存储的数据类型的检查。

1) 变量的声明

在 bash 中,变量的使用不需要显式的声明,或者说赋值就可以认为是变量的声明。

通常，给一个变量赋值应采用如下的格式：

变量名=值

说明：等号两边不能存在分隔符（包括空格、制表位和回车符）。

例如：

```
X1="hello"
X2=80
```

2）变量的引用

通常，要引用一个变量，可以采取在变量名前加一个 $ 的方法，即"$ 变量名"。

例如，要引用上面定义的变量 X1 可以采用如下的方法：

```
echo "X1 is $X1"
```

但是，有时候这种方法会产生混淆。例如，希望使用变量 X1 来输入"hello zhouqi"字符串。如果使用 echo "$a1zhouqi" 就会得不到期待的字符。这是因为 bash 把"a1zhouqi"作为一个变量来处理了。此时可以选择使用以下的几种用法（其中，value 代表一个变量可能取的具体的值）。

${变量 var:-value}：如果指定的变量 var 存在，则返回 var 的值，否则返回 value。

${变量 var:＝value}：如果指定的变量 var 存在，则返回 var 的值，否则先将 value 赋给 var，然后再返回 value。

${变量 var:＋value}：如果指定的变量 var 存在，则返回 value，否则返回空值。

${变量 var:? value}：如果指定的变量 var 存在，则返回该 var 的值，否则将错误提示消息 value 送到标准错误输出并退出 shell 程序。

${变量 var:offset[:length]}：offset 和 length 是整数，中括号表示可选部分。表示返回从变量 var 的第 offset＋1 个字符开始长度为 length 的子串。如果中括号部分省略，则表示返回变量 var 第 offset＋1 个字符后面的子串。

例 5.10：bash 中变量的使用，如图 5.17 所示。各行的说明如下：

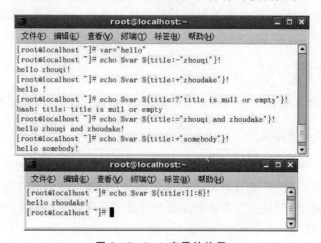

图 5.17　bash 变量的使用

```
[root@localhost ~]#var="hello"
[root@localhost ~]#echo $var ${title:-"zhouqi"}!
hello zhouqi!
```

变量 title 在前面都没有被赋值,所以 ${title:-"zhouqi"}返回"zhouqi"。

```
[root@localhost ~]#echo $var ${title:+"zhoudake"}!
hello !
```

变量 title 仍然没有被赋值,即不存在,所以 ${title:+"zhoudake"}返回空值。

```
[root@localhost ~]#echo $var ${title:?"title is null or empty"}!
bash: title: title is null or empty
```

变量 title 仍然没有被赋值,即不存在,所以 ${title:?"title is null or empty"}返回了错误信息,即"bash：title：title is null or empty"。

```
[root@localhost ~]#echo $var ${title:="zhouqi and zhoudake"}!
hello zhouqi and zhoudake!
```

到此为止,变量 title 仍然没有被定义,所以 title 被赋值为"zhouqi and zhoudake",并返回该值。

```
[root@localhost ~]#echo $var ${title:+"somebody"}!
hello somebody!
```

此时变量 title 已经存在,故返回"somebody"。

```
[root@localhost ~]#echo $var ${title:11:8}!
hello zhoudake!
```

此处变量 title 已经存在,且值为 zhouqi and zhoudake,取其第 12 个字符,即"z"开始后面 8 个字符,也就是"zhoudake"。

3) 特殊变量

在 shell 程序中存在一些特殊变量,当 shell 程序运行时,这些变量能够记录 shell 程序的命令行参数。这些变量分别是 $0、$1、…、$n,以及 $#、$* 和 $@。其中 $0 存放的是命令行的命令名,$1 存放的是命令行中传递给命令的第一个参数,以此类推,$n 存放的是传递命令的第 n 个参数。$# 存放传递给命令的参数的个数(不包括命令),$* 和 $@ 均用于存放传递给命令的所有参数,两者的区别在于 $* 把所有的参数作为一个整体,而 $@ 则把所有的参数看作是类似于字符串数组一样,可以单独访问这些参数。

2. shell 表达式

和高级程序语言一样,shell 程序的表达式由运算符和参加运算的操作数构成。操作数通常可以是变量、常量。

1) shell 的运算符

shell 的运算符的使用规则都与 C 语言非常类似。

2）shell 表达式

利用运算符将变量或常量连接起来就构成了表达式。但是由于在 bash 中变量和常量没有特定的数据类型,因此在 bash 中单纯使用一个表达式作为命令或语句是错误的,而必须使用 expr 或 let 命令来指明表达式是一个运算式。expr 命令会先求出表达式的值,然后送到标准输出显示。let 命令会先求出表达式的值,然后赋值给一个变量,而不显示在标准输出上。expr 和 let 命令的使用方法如下:

```
expr   <表达式>
let   <表达式 1> [表达式 2 ...]
```

expr 命令一次携带一个表达式,let 命令一次可以携带多个表达式。在 expr 命令的表达式中使用了数值运算,此时需要用空格将数字运算符与操作数分隔开。另外,如果表达式中的运算符是"＜"、"＞"、"＆"、"＊"及"｜"等特殊符号,需要使用双引号、单引号括起来,或将反斜杠(\)放在这些符号的前面。而 let 命令中的多个表达式之间需要空格隔开,而表达式内部无须使用空格。例如,如下几个表达式:

```
expr 3+2
```

操作数 3、2 和运算符＋之间没有空格,此时 bash 不会报错,而是把 3＋2 作为字符串来处理。

```
expr 3+2
```

操作数 3、2 和运算符＋之间有空格,此时 bash 认为是数字运算,返回 5 送到标准输出设备。

```
expr 3 " * " 2
```

使用双引号将操作符 ＊ 括起,此时 bash 返回乘积 6。

```
let s=(2+3) * 4
```

s 结果为 5＊4＝20。

3. 条件判断

在编写程序的时候,经常需要根据某个条件的测试进行程序执行分支的选择。这里的条件可能是某个表达式的值、文件的存取权限、某段代码的执行结果,或者是多个条件结果按照逻辑运算后的值。条件测试的结果只有真或假两种。需要注意的是,这里"真"的数值表示为 0,"假"的数值表示为非 0,与表达式的真值以及 C 语言的真值刚好相反。

在 bash 中条件测试的使用方法是,利用 test 命令或一对中括号[]包含条件测试表达式,这两种方法是等价的。它们的格式如下:

```
test cond_expr
```

或

```
[cond_expr ]
```

注意：利用一对中括号时，左右的中括号与表达式之间都必须存在空格。

cond_expr 是需要测试的条件表达式，可以是以下几种情况：

（1）文件存取属性测试，包括文件类型、文件的访问权限等。

（2）字符串属性测试，包括字符串长度、内容等。

（3）整数关系测试，包括大小比较、相等判断等。

（4）上述 3 种关系通过逻辑运算（与、或、非）的组合。

例 5.11：使用文件测试命令。利用 shell 提供的文件测试命令，测试文件的属性，如图 5.18 所示。

```
[root@localhost ~]#ls -l
[root@localhost ~]#test -w addusers.sh
[root@localhost ~]#echo $?
[root@localhost ~]#[ -d d1 -a -w d1 ]
[root@localhost ~]#echo $?
```

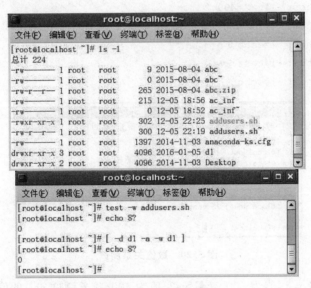

图 5.18 文件属性测试

首先使用 test 命令测试 addusers.sh 是否存在其可写，从 ls -l 命令返回的结果看，确实是 addusers.sh 文件存在且可写的，所以"echo $?"命令返回 0 表示真。然后又使用中括号测试 d1 是不是目录以及是否可写，从 ls -l 命令的返回来看，d1 同样是目录且可写的，所以返回真。其中"$?"表示引用变量"?"，而变量"?"是一个特殊变量，可以返回紧邻的前驱命令的返回值。

例 5.12：使用字符串测试命令利用 shell 提供的字符串测试命令，字符串测试，如图 5.19 所示。

```
[root@localhost ~]#root_home="/root"
[root@localhost ~]#zhouqi_home="/home/zhouqi"
[root@localhost ~]#[ $root_home=$zhouqi_home ]
```

```
[root@ localhost ~]#echo $?
```

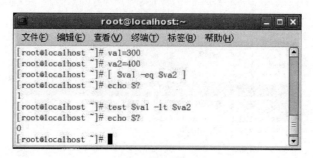

图 5.19　字符串测试

例中首先定义了 root _ home 变量,值为/root,变量 zhouqi_home,值为/home/zhouqi,然后测试这两个字符串变量的值是否相等,结果为 1 表示不相等。

例 5.13:使用数值关系测试命令。数值关系测试,如图 5.20 所示。

```
[root@ localhost ~]#va1=300
[root@ localhost ~]#va2=400
[root@ localhost ~]#[ $va1 -eq $va2 ]
[root@ localhost ~]#echo $?
[root@ localhost ~]#test $va1 -lt $va2
[root@ localhost ~]#echo $?
```

图 5.20　数值关系测试

首先定义变量 va1,值为 300,变量 va2,值为 400,接着测试 va1 的值是否等于 va2 的值。返回值为 1,表示这两个变量不等。然后又测试 va1 是否小于 va2,返回值为 0,表示 va1 的值小于 va2。

5.4.2　shell 控制结构

shell 程序的控制结构是用于改变 shell 程序执行流程的结构。在 shell 程序的执行过程中可以根据某个条件的测试值,来选择程序执行的路径。在 shell 程序中,控制结构可以简单地分为分支和循环结构两类。bash 支持的分支结构有 if 结构和 case 结构,支持的循环结构有 for 结构、while 结构和 until 结构。它们的使用方法与 C 语言等高级程序设计语言中相应的结构类似。

1. if 分支结构

if 结构是最常用的分支结构,其格式如下:

```
if 条件测试 1;
then
    command_list_1
[elif 条件测试 2;
then
    command_list_2 ]
[else
    command_list_3 ]
fi
```

其中,中括号部分为可选部分。当"条件测试 1"为真时,执行 command_list_1,否则如果存在 elif 语句,则测试"条件测试 2",如果为真,执行 command_list_2。如果 elif 语句不存在或"条件测试 2"为假,则执行 command_list_3。条件测试部分一般可以是 test 或[ ]修饰的条件表达式。

例 5.14:根据前面例子用户输入的目录名称判断该目录是否存在,如果存在则进入该目录;否则测试同名文件是否存在,如果存在,则退出 shell 程序;否则新建同名目录,并进入该目录。

```
#!/bin/bash
#an example script of if
clear
echo "input a directory name, please!"
read dir_name
#测试$dir_name目录是否存在
if[ -d $dir_name ];
then
    cd $dir_name>/dev/null 2>$1
    echo "$dir_name has already existed,enter directory succeed"
#测试是否存在与$dir_name同名的文件
elif [ -f $dir_name ];
then
    echo "file: $dir_name has already existed,create directory failed"
    exit
else
    mkdir $dir_name>/dev/null 2>$1
    cd $dir_name
    echo "$dir_name has not existed,create and enter directory succeed"
fi
```

在该例中,"cd $dir_name>/dev/null 2>$1"表示 cd 命令可能产生的标准输出信息和标准错误输出信息重定向到一个空设备/dev/null，从而实现隐藏 cd 命令错误输出的功能。"mkdir $ dir_name＞/dev/null 2＞$ 1"命令行的作用类似。由于 Linux 不允许在同一目录下存在同名的文件和目录，所有如果 $ dir_name 不存在时，还要测试是否有同名的文件存在，然后才能新建该目录。

说明：then 命令可以和 if 结构写在同一行，但是如果 then 命令和 if 结构在同一行时，then 命令的前面一定要有一个分号，且分号与条件测试表达式之间用空格隔开。

2. case 分支结构

if 结构用于存在两种分支选择的情况下，当程序存在多个分支的选择时，如果使用 if 结构，就必须使用多个 elif 结构，从而使得程序的结构冗余，此时可以选在使用 case 结构。case 结构可以帮助程序灵活地完成多路分支的选择，而且程序结构直观、简洁。case 分支结构的格式如下：

```
case expr
模式 1)
command_list_1
    ;;
[ 模式 2)
    command_list_2
    ;;
...
* )
    command_list_n
    ;; ]
esac
```

其中，expr 可以是变量、表达式或 shell 命令等，模式为 expr 的取值。通常一个模式可以是 expr 的多种取值，使用或(|)连接。模式中还可以使用通配符，星号(*)表示匹配任意字符值，问号(?)表示匹配任意一个字符，[..]可以匹配某个范围内的字符。

在 case 分支结构中，首先计算 expr 的值，然后根据求得的值查找匹配的模式，接着执行对应模式后面的命令序列，执行完成后，退出 case 结构。需要注意的是，在 case 结构的命令序列后面需要使用双分号(;;)分隔下一个模式。

例 5.15：使用 case 语句编写程序，根据上网地址的不同为计算机设置不同的 IP 地址参数。

```
#!/bin/bash
#an example script of case
clear
echo "please enter current location(home,h,H,office,o,O):"
read nettype
case $ nettype in
    home|h|H)
            /sbin/ifconfig eth0 192.168.0.118 netmask 255.255.255.0
            /sbin/route add default gw 192.168.0.1
```

```
            ;;
    office|o|O)
        /sbin/ifconfig eth0 192.168.1.58 netmask 255.255.255.0
        /sbin/route add default gw 192.168.1.1
        ;;
    *)
            echo "input error!"
            exit
            ;;
esac
echo "Success!!!"
```

本例程中，如果用户输入 home、h 或 H 则表示上网地点是在家中，此时 IP 地址为 192.168.0.118，网络掩码为 24，默认网关为 192.168.0.1。如果用户输入 office、o 或 O 则表示上网地点是在办公室内，此时 IP 地址为 192.168.1.118，网络掩码为 24，默认网关为 192.168.1.1。其他的输入无效，并给出提示"input error!"。其中 ifconfig 和 route 命令将在后面的章节中详细介绍。

3. for 循环结构

for 循环用于预先知道循环执行次数的程序段中，它是最常用的循环结构之一。for 的格式如下：

```
for var [ in value_list ]
do
    command_list
done
```

其中，value_list 是变量 var 需要取到的值，随着循环的执行，变量 var 需要依次从 value_list 中的第一个值，取到最后一个值。do 和 done 结构之间的 command_list 是循环需要执行的命令序列，变量 var 每取一个值都会循环执行一次 command_list 中的命令。同样中括号部分为可选部分，如果省略了该部分，bash 会从命令行参数中为 var 取值，即等同于"in $@"。

例 5.16：使用 for 语句编写程序，向系统添加 20 个用户，其名称分别是 student1、student2、…、student20。

```
#!/bin/bash
#an example script of for
for i in [1-20]
do
  if [ -d /home/student$i ]  ; then
     echo "the directory /home/student$i exist."
     echo "the content of directory /home/student$i is moved to /home/stu$i"
     mv student$i stu$i
  fi
  adduser student$i>/dev/null 2>$1
```

```
    echo "student$i" |passwd usr$i$j --stdin
    echo "user add succeed,the home directory is: /home/student$i"
done
```

由于在 Linux 中 adduser 命令会在/home 目录下创建与用户同名的子目录作为用户的主目录,所以,该例程首先检查/home 目录下是否存在与 student1、student2、…、student20 同名的子目录,如果存在则将其重命名为 stu1、stu2、…、stu20,然后在执行创建用户的任务,并且用户的初始口令与用户名相同。

4. while 和 until 循环结构

while 和 until 循环结构的功能基本相同,主要用于循环次数不确定的场合。while 的格式如下:

```
while expr
do
    command_list
done
```

until 的格式如下:

```
until expr
do
    command_list
done
```

从格式上看,二者的使用方法完全相同,但是二者对循环体执行的条件恰恰相反。在 while 循环中,只有 expr 的值为真时,才执行 do 和 done 之间的循环体,直到 expr 取值为假时退出循环。而在 until 循环中,只有 expr 的值为假时,才执行 do 和 done 之间的循环体,直到 expr 取值为真时退出循环。

从上面的 while 和 until 循环的执行流程可以看出,expr 的取值直接决定 command_list 的执行与否以及能否正常退出循环,因此通常在命令序列 command_list 中都存在修改 expr 取值的命令。否则 while 和 until 就无法退出 command_list 的执行循环,从而陷入死循环。通常,同一个问题如果可以使用 while 循环,就可以使用 until 循环。

例 5.17:while 和 until 循环结构示例,如表 5.1 所示。

表 5.1 while 和 until

while 循环示例	until 循环示例
#!/bin/bash #an example script of while clear loop=0	#!/bin/bash #an example script of until clear loop=0
while [$loop -le 10]	until[$loop -gt 10]

续表

while 循环示例	until 循环示例
| ```
do
    let loop=$loop+1
     echo "the loop current value is:
$loop"
done
``` | ```
do
    let loop=$loop+1
     echo "the loop current value is:
$loop"
done
``` |

上面两段程序都是完成对循环变量 loop 加 1 的任务，两段程序的输出结果完全相同。对比两个程序可以发现，只有循环条件的设置不同。

5.4.3　shell 函数

和其他的高级程序设计语言一样，在 bash 中也可以定义使用函数。函数是一个语句块，它能够完成独立的功能，而且在需要的时候可以被多次使用。利用函数，shell 程序将具有相同功能代码块提取出来，实现程序代码的模块化。在程序需要修改的时候，只需要修改被调用的函数，减少了程序调试和维护的强度。

在 bash 中，函数需要先定义后使用。函数定义的格式如下：

```
[function] fun_name ()
{
    command_list
}
```

其中，function 表示下面定义的是一个 shell 函数，可以省略。fun_name 就是定义的函数名。command_list 就是实现函数功能的命令序列，称为函数体。函数一旦定义就可以被多次调用，而且函数调用的方法与 shell 命令的方法完全一致。函数调用的格式如下：

```
fun_name [param_1  param_2  ...  param_n]
```

其中，fun_name 是被调用的函数名，param_1、param_2、……、param_n 是调用时传递给函数的参数，各参数之间使用空格隔开。函数调用时是否需要传递参数，由函数的定义和功能决定。如果函数确实需要传递参数，此时可以使用 $0、$1、…、$n，以及 $#、$* 和 $@ 这些特殊变量。其中 $0 存放的是命令行的命令名（也就是执行的 shell 脚本名），$1 存放的是命令行中传递给命令的第一个参数，以此类推，$n 存放的是传递给命令的第 n 个参数。$# 为传递给命令的参数的个数（不包括命令），$* 和 $@ 均用于存放传递给命令的所有参数，两者的区别在于 $* 把所用的参数作为一个整体，而 $@ 则把所有的参数看作是类似于字符串数组一样，可以单独访问这些参数。

例 5.18：向 bash 函数传递参数的示例。在 bash 脚本中定义函数，然后在该脚本时通过命令行传递参数。

```
#!/bin/bash
```

```
#an example script of function
#fun1 函数定义
function fun1 ()
{
    echo "Your command is:$0 $ * "
    echo "Number of parameters ( \$#) is: $#"
    echo "Script file name ( \$0) is: $0"
    echo "Parameters ( \$ * ) is: $ * "
    echo "Parameters ( \$ * ) is: $ * "
    count=1
    for param in $@
    do
        echo "Parameters ( \$$count) is: $param"
        let count=$count+1
}
clear
fun1 $@
```

本例通过命令行参数＄0向函数 fun1 传递执行的命令名,通过＄＊给函数 fun1 传递所有的命令行参数;通过＄♯给函数 fun1 传递命令行参数的个数;通过＄@来访问命令行中的每个参数。

如果该例程保存为 demo.sh,可以采用如下的命令行方式运行:

```
./demo.sh hello red hat linux
```

此时,＄0存放"./demo",＄＊和＄@都存放"hello red hat linux",＄♯参数为4。

函数的返回值用来给函数的调用者带回特定的变量值,shell 程序中的函数也可以有返回值,使用 return 命令可以从函数返回值。一般函数正常结束时返回真,即0,否则返回假,即非0值。return 使用的格式如下:

```
return [expr]
```

expr 存在,0表示程序正常结束,非0值表示程序出错。如果 expr 省略,则以函数的最后一条命令的执行状态作为返回值。另外,测试函数的返回值的方法可以使用和 shell 命令的返回值相同的方法,即使用测试＄?值,也可以采用直接测试命令函数的返回值。

和高级语言开发程序一样,在编写 shell 程序的开发过程中,出错是在所难免的,因此 shell 程序的调试就变得至关重要了。下面以前面章节中编写的 addusers.sh 脚本为例,给出在 shell 程序调试中的技巧。

在 Linux 的命令提示符下输入如下的命令开启 sh 程序的跟踪模式,这样 sh 程序在解释执行 addusers.sh 脚本的时候,启用单步执行的方式,如图 5.21 所示。

图中给出了 adduser.sh 脚本每步运行的结果,可以很好地判断程序执行的情况。

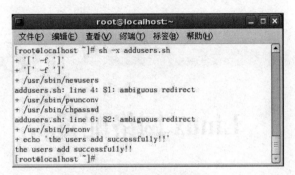

图 5.21　sh 跟踪模式

5.5　习　　题

1. 列出当前系统可以使用的 shell。并且给出了这些 shell 程序的位置。

2. 用"history n"命令，列出系统最近执行的 10 条命令，并执行其中 1 条记录。

3. 在 Linux 中显示当前目录的内容命令是"ls -l"。自己定义一个别名来代替 ls -l，然后再取消别名。

4. 用户自定义一命令投入后台运行。

5. 先使用 ls 命令查看/etc/xinetd. d 的内容，然后将查看结果重定向到 ls_zdx 文件中，并查看此文件。

6. 参照图 5.13 创建一个 shell 程序，并输出"how are you!!"。

第 6 章

Linux 网络配置

TCP/IP 协议是 Internet 网络的标准协议，采用 TCP/IP 协议的主机连接到 Internet 上，就能实现与同在网络上的其他主机进行数据交换。通常把计算机中连接到网络上的设备称为网络接口设备。计算机连接到网络上，需要配置其网络接口信息，包括计算机的 IP 地址、子网掩码、默认网关，域名解析服务器地址等。本章将介绍在 Linux 如何使用不同的方法给联网的计算机配置这些接口信息，以便用户在不同的环境下选择使用。

6.1　网络配置基础

Internet 是一个基于 TCP/IP 协议簇的国际互联网络。而 TCP/IP 协议是以 UNIX 系统作为基础平台开发的，因而 UNIX 内核中默认支持 TCP/IP 协议簇。作为典型的类 UNIX 系统，Linux 系统同样在其内核中支持并默认使用 TCP/IP 协议。

6.1.1　TCP/TP 协议

TCP/IP 协议主要分为两个部分：传输控制协议（TCP）和网际互联协议（IP）。

1. 网际互联协议（IP）

连接在以太网的用户希望自己的主机能够突破局域网的限制连接到其他网络，在不用考虑其他网络硬件类型以及各部分组成的情况下就能够使用这些资源。比如某个大学中的网络，就需要将各系局域网连接起来。这种网络之间的连接是通过网关主机来实现的，它通过在连接的网络间进行数据的复制来处理输入和输出数据。这种数据的处理方式称为路由（routing），它是通过一个独立于硬件的协议——IP 协议来控制的。IP 协议主要功能是使主机可以把分组发往任何网络并使分组独立地传向目标。因此 IP 协议可以将物理上不相似的网络连接起来，构成一个同构的网络。

为了能在不同硬件类型和数据分组网络中，实现数据的转发，IP 需要一种独立于硬件的寻址方式。这种寻址方式是基于 IP 地址的，在 Internet 上的每台主机都被设置了一个 32 位的 IP 地址。为了方便记忆，IP 地址通常被写成点分十进制的结构，即将 32 位的二进制数利用句点（.）分成 4 个部分，然后每个部分转换成一个十进制数，例如 192.168.0.45。

2. 传输控制协议（TCP）

如果用户登录到一台指定的网络主机上，希望登录进程，比如 telnet 进程，能与该主机的 shell 建立稳定的连接。这样来回传递的信息必须在发送端分解成多个分组（这是因为在 IP 协议中，规定了一个数据分组最大的字节数），然后由接收方重新将这些分组组装成字符流。此时，只有 IP 协议显然是不能完成网络数据通信的。

另外 IP 协议并不是可靠的协议，当路由器的缓冲区已经满负载时，此时接收到的数据分组就会被丢弃。这样，被丢弃的分组是不能恢复的。因此，需要负责通信的主机对数据传输进行完整性和正确性检验，在发生错误后进行数据重发。传输控制协议 TCP，可以负责上述的任务，它是在 IP 协议之上建立可靠的连接服务。TCP 协议主要功能就是在本地主机和远程主机的两个进程之间建立一个简单的连接关系，这样，用户就不必担心数据是如何传输以及通过什么线路传输的。TCP 通过两个主机的 IP 地址以及两个主机的端口来识别连接的端点，端口号用于标记用户需要使用的应用服务。TCP 在两个端点之间建立的连接是可靠的连接，它能够在网络出现错误的时候，通知对应的主机重发该分组。

3. 用户数据报协议（User Datagram Protocol，UDP）

用户数据包协议也是工作在 IP 协议的基础之上的，用于在数据传输量较大，且对传输的可靠性要求不高的时候替代 TCP 协议。与 TCP 协议一样，UDP 协议允许一个应用程序与远程主机的一个端口相关联。UDP 并不为数据的传输创建一个连接，而是直接向目标发送单个的数据报。

因为 UDP 在传输数据的过程中，并不对数据报的丢失和冲突进程检验，所以使用 UDP 协议进行数据传输的应用程序必须自行检查接收到的数据的完整性和正确性。

6.1.2　网络配置基本概念

在了解了 TCP/IP 的基础知识后，就可以进行 TCP/IP 网络信息配置工作了，下面先介绍与网络信息配置工作相关的几个基本概念。

1. IP 地址

在 Internet 中，每台连接在网络上的主机都有唯一的 IP 地址。IP 地址是一个点分十进制的结构，即将 32 位的二进制数利用句点（.）分成 4 个部分，然后每个部分转换成一个十进制数。IP 地址能够唯一表示一台 Internet 网络上的主机。例如 192.168.0.1 IP 地址是由“.”分开的 4 段十进制数，每个数占用 8 位二进制位，故它可以表示的范围是 0～255，即 IP 地址每段数字的取值是 0～255 范围内的任意数。

IP 地址由两部分组成：网络号 net_id 与主机号 host_id，所以 IP 地址不仅仅表示一个主机的编号，而是指出了连接在某个网络上的某台主机，它是由因特网名字与号码指派公司 ICANN 进行分配的。根据网络号的不同可以将 Internet 网络的 IP 地址分为五类，即 A 类到 E 类，其中 D 类作为组播地址保留，E 类保留今后使用。下面详细介绍 A

类、B 类和 C 类。

A 类网络地址：IP 地址的第 1 个字节表示网络号 net_id，其中第一位为 0，后面的 3 个字节表示主机号 host_id。A 类网络共能容纳的主机数为 $2^{24}-2=16\,777\,214$ 台。

B 类网络地址：IP 地址的前面 2 个字节表示网络号 net_id，其中第 1、2 位为 10，后面的 2 个字节表示主机号 host_id。B 类网络共能容纳的主机数为 $2^{16}-2=65\,534$ 台。

C 类网络地址：IP 地址的前面 3 个字节表示网络号 net_id，其中第 1、2 和 3 位为 110，最后 1 个字节表示主机号 host_id。C 类网络共能容纳的主机数为 $2^8-2=254$ 台。

如表 6.1 所示，不同类型 IP 地址中的网络地址 net_id 和主机地址 host_id。

表 6.1　Linux 系统的部分标准组账号

IP 地址	网络类型	网络地址 net_id	主机地址 host_id
60.45.12.40	A 类	60	45.12.40
130.50.10.15	B 类	130.50	10.15
212.78.42.212	C 类	212.78.42	212

由于 Internet 的飞速发展，IP 地址已经变得非常紧张，可获取的 IP 地址越来越少。现在，Internet 网技术人员已经开发出新的 IP 地址的构成方法，这种 IP 地址就是 IPv6。IPv6 采用 128 位存储方式，即全世界的 IP 地址由原来的 232 个，扩展成 2128 个。这样就可以满足 Internet 发展的要求。

2. 子网和子网掩码

由于同一个 IP 地址可能代表不同网络中的主机，如果不能确定它所属的子网，就会导致无法访问该主机。那么如何确定一个 IP 地址所属的网络呢？这时就需要用到 TCP/IP 协议簇中一个重要的概念——子网掩码。

子网掩码也是一组由"."分隔的 4 段数字组成，它可以用于定义一个 IP 地址所属的网络，说明 IP 地址中哪些部分表示网络地址，哪部分表示主机地址。具体办法就是，首先，将 IP 地址和子网掩码转换成二进制数，然后用转换后的二进制数进行按位"与"运算，得到的结果就是该 IP 地址所属的网络地址，那么 IP 地址中剩下的部分就是主机地址。

通常定义标准 A、B、C 类 IP 地址的子网掩码分别为：

A 类子网掩码：255.0.0.0

B 类子网掩码：255.255.0.0

C 类子网掩码：255.255.255.0

例如：设有 IP 地址为 210.45.211.12 的主机，其子网掩码为 255.255.255.0，求出其网络号和主机号。

将 IP 地址 210.45.211.12 和子网掩码 255.255.255.0 转换成二进制数：

210.45.211.12=011010010.000101101.011010011.00001100

255.255.255.0=11111111.11111111.11111111.00000000

进行按位"与"运算的结果为：011010010.000101101.011010011.00000000，因此
210.45.211.0 就是 IP 地址为 210.45.211.12 主机所在的网络地址，其主机地址为
0.0.0.12。

3. 广播地址

广播地址使用中特殊的地址，如果使用广播地址作为数据发送的目的地址，那么该
数据将被发往广播地址所在网络内的所有主机。

通常在一个子网中广播地址是唯一的，就是将 IP 地址中主机地址部分替换成 255 后
的地址。例如，上述 IP 地址 210.45.211.12 所在网络的广播地址就是 210.45.211.255。

在一个特定的网络内，广播地址是保留的，因此不能用于网络中的主机名。因此，有
了网络地址和广播地址后，一个特定类型的网络中，可用于标志主机的 IP 地址就减少了
两个，例如，C 类地址主机地址占 8 位，其能够容纳的主机数为 $2^8-2=254$ 台，C 类能容
纳的主机数为 $2^{16}-2=65\,534$ 台。

4. 端口

端口可以看作是网络连接的附着点。如果一个应用程序希望提供某种服务，就会附
着在某个特定的网络端口上等待用户请求的到来（也称为对端口的监听）。使用该服务
的客户机则在某个端口上建立与该远程主机的连接，客户机的端口通常是随机选择且端
口号大于 1024。

在网络中，一旦客户机和服务器之间建立连接，就必须生成服务器的另一个副本来
为客户机提供服务，原服务器则继续监听，以等待更多用户的请求。这样，提供网络应用
的服务器就允许多个用户登录，并且这些连接都使用服务器同一个端口。TCP 可以根据
连接的 IP 地址和端口来区分不同的连接。假如用户两次从 infosec 主机登录 myhost 主
机，那么第一个 telnet 客户机使用本地的 1025 端口，第二个客户机则使用本地的 1026 端
口，但是它们都连接服务器 myhost 的 23 端口。

从上例可以知道，可以把渡口作为一个集结点，客户端通过连接这些特殊的端口获
取特定的网络服务。为了使客户端知道这些特定的端口，服务的提供方和使用方必须达
成一致，对端口的分配必须统一集中管理，在 Linux 系统中，通过/etc/services 文件进行
服务名到端口号的映射。

通常，端口号在 0～1023 之间的网络端口由系统统一分配，用户无权重新分配这些
端口，端口号大于 1023 的端口允许用户使用。客户机通常随机生成一个大于 1023 的端
口去连接服务器的特定端口。

需要注意的是，TCP 和 UDP 连接都依赖于端口，但这些端口不会相互冲突。因为同
一端口在 TCP 和 UDP 连接中的服务是不同的。例如 TCP 的 513 端口关联的是 rlogin
服务，而 UDP 的 513 端口关联的是 rwho 服务。

5. 域名

在 Internet 上使用主机的 IP 地址来定位和标识主机，尽管为了方便记忆这些 IP 地

址,采用了 4 段点分十进制的数字来表示,但是要记住这些枯燥的数字,是非常困难的。为了解决这个问题,提出了网络域名的概念。Internet 域名是 Internet 网络上的一个服务器或一个网络系统的名字,在全世界,域名都是唯一的。通俗地说,域名就相当于每台服务器或主机的别名。

域名是一个层次结构的名称,由若干个引文字母和数字组成,由"."分隔成几部分,一般的域名格式为:

主机名称.三级域名.二级域名.顶级域名

例 6.1:域名 cs.zsu.edu.cn 表示中山大学计算机系一个域名。cs 反映的是计算机系一台服务器,zsu 是中山大学的域名,edu 是教育部域名,cn 是顶级域名,代表中国。

顶级域名一般分为两类:组织性顶级域名和地理性顶级域名如表 6.2 和表 6.3 所示。组织性顶级域名用于指明网站的属性,而地理性顶级域名用于指明网站的地址上属于哪个国家或地区。

表 6.2　组织性顶级域名

域 名 缩 写	机 构 类 型	域 名 缩 写	机 构 类 型
com	商业系统	firm	商业或公司
edu	教育系统	store	提供购买商业的业务部门
gov	政府机关	web	主要活动与 www 有关的实体
mil	军队系统	arts	以文化为主的实体
net	网管部门	rec	以消遣性娱乐活动为主的实体
org	非营利性组织	inf	提供信息服务的实体

表 6.3　地理性顶级域名

域 名 缩 写	国家或地区	域 名 缩 写	国家或地区
cn	中国	ca	加拿大
au	澳大利亚	es	西班牙
de	德国	hk	中国香港
fr	法国	tw	中国台湾
jp	日本	sg	新加坡
uk	英国	us	美国

当以域名方式访问某台远程主机时,域名系统首先将域名翻译成对应的 IP 地址(执行域名与 IP 地址相互转换的网络服务器,被称为域名服务器),然后使用得到的 IP 地址作为网络通信地址。因此在网上访问主机时,可以使用域名作为登录地址,也可以使用其 IP 地址作为登录地址,二者的效果一致。

需要注意的是,域名与 IP 地址并不是一一对应的,既有多个域名对应一个 IP 地址的,也有多个 IP 地址对应一个域名的情况存在。

6. 路由

由于从物理拓扑来说 Internet 是一个典型的网状网络，也就是说从一个网络节点（通常是网络主机）到达另一个节点的路径不止一条，那么网络上传输的数据分组是如何选择到达目的主机的路径呢？通常这是靠网络中的特殊主机来完成的，这些特殊主机被称为路由器。路由器负责将到来的数据分组根据其中的路由算法选择一条最有效的路径投递出去。路由器中可选择的一个网络节点到达另一节点的路径，就称为路由。通常，路由器中都设置一个路由表用于缓存系统的路由信息。

由于一个公司或单位的内部网络只通过一个路由器与外部网络建立连接，这个连接外部网络的路由器通常被称为默认网关。当公司内部网络上的主机与外部网络进行连接时，就将数据分组发给默认网关，由该网关负责数据分组的路由选择。

6.1.3　常用的网络命令

为了方便地管理网络，查看当前的网络连接信息，Linux 系统提供了网络测试命令和远程登录命令。

1. 网络测试命令

为了便于 Linux 用户判断当前网络的连接情况，Linux 系统提供了 ping、traceroute 和 netstat 等网络测试命令。

1）ping 命令

ping 命令用于测试当前系统的网络是否连通。该命令能够不间断地向目标主机发送 ICMP 协议的数据包，目标主机接收到数据包后返回应答。用户可以在屏幕上看到数据包返回的信息，并根据这些信息判断网络的连通状态。该命令的格式如下：

ping　[选项]　目标主机名或 IP 地址

常用的参数及含义如表 6.4 所示。

表 6.4　ping 命令常用参数

参　　数	含　　义
-c packet_count	指定 ping 命令发送数据包的个数
-i interval	指定每个数据包发送的时间间隔
-f	快速发送指定数量的数据包，然后查看统计结果
-l packet_count	快速发送指定个数内的数据包
-s b_count	设定数据包的大小，默认为 64 字节
-t ttl_time	设置存活数值 TTL 的大小
-R	记录数据包的路由信息

例 6.2：使用 ping 命令向中山大学网站（域名为 www.zsu.edu.cn）发送 6 个数据

包,检查网络连通状态。

在终端命令提示符下输入如下的命令,其执行结果如图 6.1 所示。

```
[root@localhost ~]#ping -c 6 www.zsu.edu.cn
```

```
root@localhost:~
文件(F)  编辑(E)  查看(V)  终端(T)  标签(B)  帮助(H)
[root@localhost ~]# ping -c 6 www.zsu.edu.cn
PING www.zsu.edu.cn (202.116.64.127) 56(84) bytes of data.
64 bytes from www.zsu.edu.cn (202.116.64.127): icmp_seq=1 ttl=227 time=87.6 ms
64 bytes from www.zsu.edu.cn (202.116.64.127): icmp_seq=2 ttl=227 time=84.5 ms
64 bytes from www.zsu.edu.cn (202.116.64.127): icmp_seq=3 ttl=227 time=108 ms
64 bytes from www.zsu.edu.cn (202.116.64.127): icmp_seq=4 ttl=227 time=93.4 ms
64 bytes from www.zsu.edu.cn (202.116.64.127): icmp_seq=5 ttl=227 time=82.9 ms
64 bytes from www.zsu.edu.cn (202.116.64.127): icmp_seq=6 ttl=227 time=112 ms

—— www.zsu.edu.cn ping statistics ——
6 packets transmitted, 6 received, 0% packet loss, time 5021ms
rtt min/avg/max/mdev = 82.953/95.076/112.994/11.740 ms
[root@localhost ~]#
```

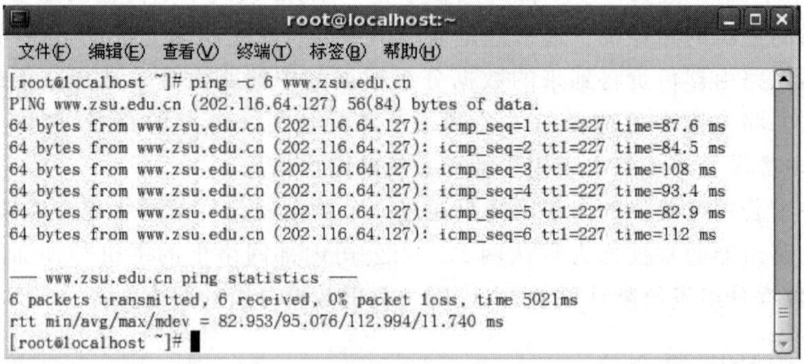

图 6.1　ping 命令的使用

说明：如果不使用-c 参数指定发送的数据包的个数,ping 命令会不间断地发送数据包,直到用户使用 Ctrl＋C 键结束发送,然后给出统计信息。

2) traceroute 命令

该命令向目的主机发送数据包,每经过一个网关或路由就返回一行信息,内容包括网络或路由的主机名或 IP 地址、每次经过该网关或路由的时间(单位为 ms)。系统默认的数据包长度为 38 字节,最大跳数(Hop)为 30 次。该命令格式如下:

```
traceroute  [选项]  目的主机名或 IP 地址
```

常用的参数及含义如表 6.5 所示。

表 6.5　traceroute 命令常用参数

参　　数	含　　义
-f first_ttl	设置第一个检测数据包的存活时间 TTL
- g gateway_ip	设置数据包经过的网关,最多可设置 8 个
-m max_ttl	设置检测数据包的最大存活时间 TTL
-n ip_addr	直接使用目的主机的 IP 地址
-p port	指定 UDP 协议使用的端口
- w timeout	设置等待远端主机回应的时间
-x	开启数据包的正确性检验

例 6.3：使用 traceroute 命令测试到目的主机 www.163.com 的路由。

在终端命令提示符下输入如下命令,执行结果如图 6.2 所示。

```
[root@localhost ~]#traceroute www.163.com
```

图 6.2　traceroute 命令测试

3）netstat 命令

netstat 命令用于查看网络连接、路由表信息和网络接口的状态信息，其格式如下：

nestat　[选项]

常用参数及含义如表 6.6 所示。

表 6.6　netstat 命令常用参数

参　　数	含　　义
-a	显示所有套接口，包括正在监听的
-c	每个 1 秒刷新一次结果，直到用户终止
-i	显示所有网络接口信息
-l	显示处于监听状态的套接口信息
-n	显示结果直接使用 IP 地址，而不使用域名
-t	显示 TCP 协议的连接状况
-u	显示 UDP 协议的连接状况
-w	显示 RAW 协议的连接状况
-r	显示当前核心路由表的信息
-v	显示命令执行过程

例 6.4：使用 netstat 命令查看本机的网络连接状态。

在终端命令符下输入如下的命令，其执行结果如图 6.3 所示。

```
[root@ localhost ~]#netstat
```

说明：netstat 的输出结果可以分为两个部分：一部分显示有源 TCP 连接（Active Internet connections）的情况，一般有 4 行；另一部分显示有源 UNIX 域套接口（Active UNIX domain sockets）的连接情况。Proto 显示连接使用的协议；RefCnt 表示连接到本套接口上的进程号；Types 显示套接口的类型；State 显示套接口当前的状态；I-Node 表示连接的 i 索引结点号；Path 表示连接到套接口的其他进程使用的路径名。

例 6.5：使用 netstat 命令来查看当前路由表的详细信息。

在终端提示符下输入如下的命令，其执行结果如图 6.4 所示。

```
[root@ localhost ~]#netstat -nr
```

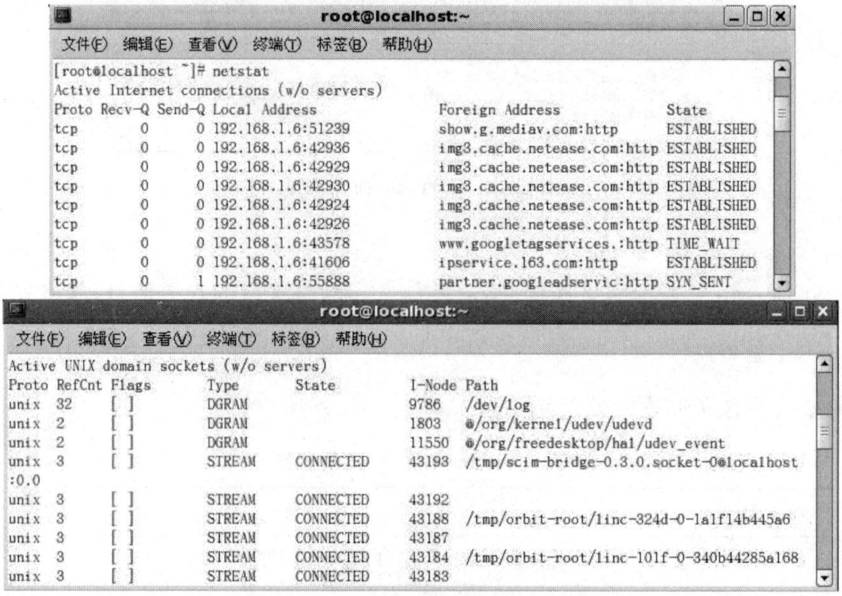

图 6.3　netstat 查看网络连接

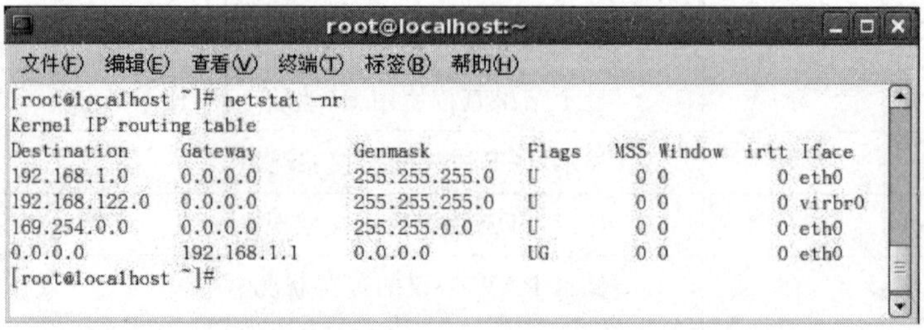

图 6.4　netstat 查看网络连接

2. 远程登录工具

Linux 系统为了方便用户在远程管理和使用系统,为用户准备了远程登录工具,其中最常用的就是 telnet 工具。telnet 命令是远程登录命令,该命令允许用户使用 telnet 协议登录到远程计算机,在用户提供了合法的用户账号和登录口令后,就可以像操作本地计算机一样操作远程主机。telnet 工具只提供 Linux 终端的仿真,不支持 X Window 等图形环境。该命令格式如下:

```
telnet　远程主机名或 IP 地址
```

如果该命令执行成功,将从远程主机上获得"login:"提示符,如图 6.5 所示。用户在"login:"提示下输入登录账号,按 Enter 键后在系统给出的"password:"提示符下输入登录口令后即可登录远程主机。

```
[root@localhost ~]#telnet 192.168.1.
```

图 6.5　telnet 的使用

　　说明：在 Linux 系统除了提供 telnet 远程登录工具外，还提供了 xlogin、ssh 等远程登录工具，有兴趣的读者可以自行查阅资料。

6.2　在终端中配置网络参数

　　在 Linux 系统中，可以使用 3 种不同的方法来配置网络接口：使用命令工具配置网络参数、直接修改网络配置文件和使用图形工具配置网络参数的办法。本节将介绍在命令模式下使用 ifconfig 工具、route 工具配置网络接口参数和使用 netconfig 工具配置网络接口参数的方法。

6.2.1　使用命令工具配置网络参数

　　在终端命令模式下，可以首先使用 ifconfig 工具配置网络接口中的 IP 地址、网络掩码、广播地址等信息，然后再使用 route 工具配置网络的默认网关信息。

1. ifconfig 工具的使用

　　该工具既可以用于查看网络接口的信息，也可以用于配置网络的 TCP/IP 参数，还可以用于启动和停用指定的网络接口。

　　1）查看网络接口信息

　　ifconfig 命令格式如下：

```
ifconfig  [网络接口设备名]
```

　　其中网络接口设备名为可选参数，如果没有指定网络接口，ifconfig 将返回系统所有的网络设备的 TCP/IP 参数，包括回环网络接口的信息，否则返回指定的接口参数。在终端命令提示符中输入如下命令，可以查看网络接口 eth0 的 TCP/IP 参数信息，如图 6.6 所示。

```
[root@ localhost ~]#ifconfig eth0
```

　　从图中可看到 IP 地址为 192.168.1.6，网络掩码为 255.255.255.0，广播地址为 192.168.1.255。

　　2）配置网络信息

　　ifconfig 工具可以配置系统中指定的网络接口的 TCP/IP 参数信息，其格式如下：

```
ifconfig  网络接口设备名  IP 地址  [netmask  网络掩码]  [broadcast  广播地址]
```

图 6.6   查看 eth0 的 TCP/IP 信息

其中 netmask 部分和 broadcast 部分可以任选其一,因为从网络掩码和广播地址可以互相推算。上述命令可以用指定的 IP 地址和网络掩码来配置命令中指定的网络接口。

例 6.6:使用 ifconfig 工具,给当前主机的 eth0 网络接口配置网络参数,其网络 IP 地址为 192.168.1.16,子网掩码为 255.255.255.0。

在终端命令提示符中输入如下命令,命令执行结果如图 6.7 所示。

```
[root@localhost ~]#ifconfig eth0 192.168.1.16 netmask 255.255.255.0
```

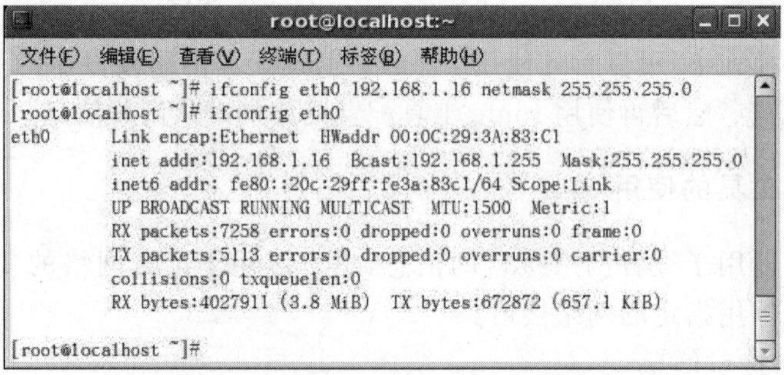

图 6.7   配置 eth0 的 TCP/IP 信息

此处使用了 ifconfig eth0 命令来查看网络接口 eth0 的 TCP/IP 参数,也可以使用前面介绍的 ping 命令来查看该接口是否连通,以确定网络参数是否设置成功。具体如图 6.8 所示。

```
[root@localhost ~]#ping 192.168.1.16 -c 4
```

说明:ping 命令返回"64 bytes from 192.168.1.16:icmp_seq=1 ttl=64 time=3011 ms"表示 ifconfig 工具的网络参数设置成功。

3)网络接口的启用和禁用

当网络接口的配置更改以后往往需要重启网络接口,以应用新的配置。使用 ifconfig 工具可以完成启用和禁用指定的网络接口的工作,具体方法如下:

```
ifconfig  网络接口设备名  [up|down]
```

其中参数 up 表示启用指定的网络接口,参数 down 表示禁用指定的网络接口。

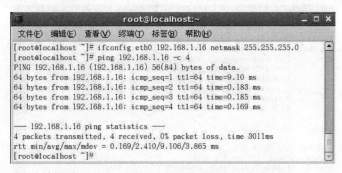

图 6.8　配置 eth0 网络参数并使用 ping 检查

此外还可以使用 network 命令和 ifup/ifdown 命令来完成网络接口的启用和禁用。

其中,network 是一个 shell 脚本程序,用于启用、禁用或重启所有网络接口,其格式如下:

```
[root@localhost ~]#/etc/rc.d/init.d/network　[选项]
```

常用的参数及含义如表 6.7 所示。

表 6.7　network 脚本参数

参　　数	含　　义
-a	显示所有套接口,包括正在监听的
-c	每个 1 秒刷新一次结果,直到用户终止
-i	显示所有网络接口信息

ifup 和 ifdown 命令分别用启用和禁用指定的网络接口,其格式如下:

```
ifup　网络接口设备名
ifdown　网络接口设备名
```

例 6.7:在终端命令提示符中使用如下命令禁用和启用 eth0,然后使用 ifconfig eth0 来查看该网络设备的状态,如图 6.9 所示。

```
[root@localhost ~]#ifdown eth0
[root@localhost ~]#ifconfig eth0
[root@localhost ~]#ifup eth0
[root@localhost ~]#ifconfig eth0
```

2. route 工具的使用

使用 ifconfig 工具配置了网络接口的 IP 地址、网络掩码等参数后,该主机就可以在局域网络内和其他主机通信了,但是还不能访问外网的主机。此时需要使用 route 工具配置网络的路由记录或默认网关。

route 工具可以用于查看当前的路由信息,也可以设置网络的默认路由信息。

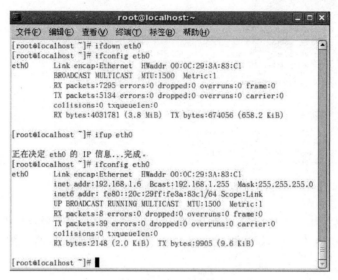

图 6.9　禁用和启动 eth0 及相关信息

1）查看路由信息

route 命令在不带任何信息时，系统将返回当前路由表的信息，如图 6.10 所示。

```
[root@ localhost ~]#route
```

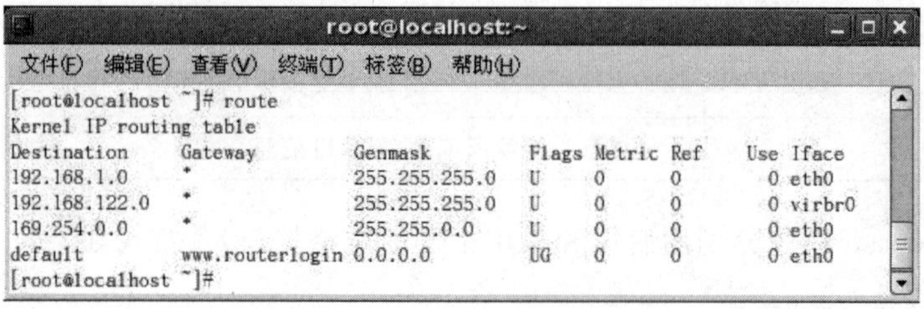

图 6.10　route 返回理由信息

系统返回的路由信息包括 8 个字段，各字段含义如表 6.8 所示。

表 6.8　route 命令参数

字　段	说　　　　明
Destination	目标地址，可以是网络地址或主机地址
Gateway	与目标连接时通过的网关地址，＊表示没有设置网关
Genmask	目的网络的网络掩码
Flags	路由标记，U 表示路由可用，G 表示连接目标是一个网关，H 表示连接目标是一个主机
Metric	从源网络到达目标网络连接时经过的跳数
Ref	连接路由的参考数据
Use	查找该路由的次数
Iface	连接该路由的网络接口，其中 lo 表示本地回环设备

2）添加/删除路由记录

使用 route 命令添加或删除一条到达目标网络的路由记录，其格式如下：

```
route add|del -net 网络地址 netmask 网络掩码 [gw 网关地址] [dev 网络接口]
```

其中参数 add 表示向路由表中添加一条路由信息，del 表示删除路由表中的一条路由信息。gw 参数和 dev 参数任选其一。gw 参数用于指定网关地址，dev 参数用于指定到达目标地址时数据分组投递的网络接口。

使用 router 命令添加或删除一条到达目标主机的路由记录，其格式如下：

```
route add|del -host IP 地址 [gw 网关地址] [dev 网络接口]
```

在该命令中无须网络掩码，其中 add 参数、del 参数、gw 参数和 dev 参数含义同上。

3）添加/删除默认网关

默认网关通常是一个公司或单位内部网络与外部网络通信的唯一通路，当公司内部网络上的主机与外部网络进行连接时，就将数据分组发给默认网关，由该网关负责数据分组的路由选择。可以使用 route 命令来添加或删除网络中的默认网关，其格式如下：

```
route add|del default gw 网关地址
```

其中 add 参数、del 参数、gw 参数和 dev 参数含义同上。

例 6.8：使用 route 命令，给当前主机添加默认网关。其中，当前主机的默认网关地址为 192.168.1.6。

在终端命令提示符下输入如下命令，为当前主机添加默认网关：

```
[root@localhost ~]#route add default gw 192.168.1.6
[root@localhost ~]#route
```

再输入 route 命令查看当前路由信息，如图 6.11 所示。

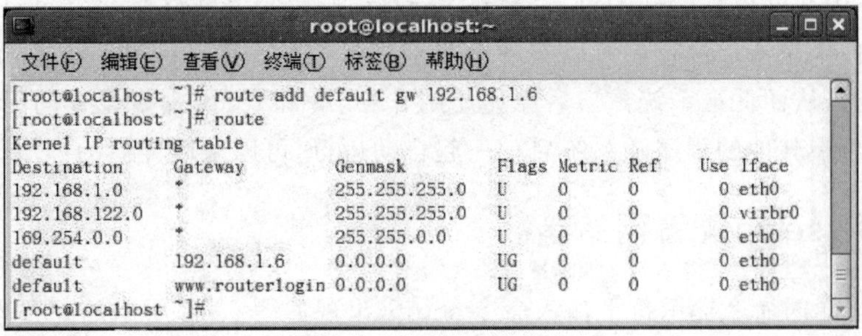

图 6.11　添加默认网关

由 route 命令返回的最后一行可以看到默认网关添加成功。

尽管 ifconfig 和 route 工具非常有效，但是它们的命令效果只能维持在命令执行到网络重启或系统重启的时限内，如果希望系统重启后 ifconfig 和 route 工具配置的参数仍然有效，可有以下的两个办法实现：

（1）修改网络接口的配置文件（/etc/sysconfig/network-scripts/ifcfg-eth0 文件）中

的指定内容。这种方法可以同时解决网络重启和系统重启后网络配置失效的问题。这种方法将在下面的小节中给予介绍。

（2）将相应的 ifconfig 和 route 配置命令，分别按行写入/etc/rc.d/rc.local 文件。这种方法可以解决系统重启后 ifconfig 和 route 命令失效的问题，但是不能解决网络重启后 ifconfig 和 route 命令失效的问题。

/etc/rc.d/rc.local 文件是一个具有可执行属性的 shell 脚本文件，如图 6.12 所示。可以在 touch /var/lock/subsys/local 下面加两行：

```
/sbin/ifconfig eth0 192.168.1.16 netmastk 255.255.255.0
/sbin/route add default gw 192.168.1.6
```

它在 Linux 系统启动时执行。通常，rc.local 文件中的每一行都是一条命令，用于在系统启动时运行一个需要随系统一起运行的程序，类似于 MS Windows 的随机启动。

```
[root@localhost ~]#ls -l /etc/rc.d |grep rc.local
[root@localhost ~]#cat /etc/rc.d/rc.local
```

图 6.12　rc.local 文件

图 6.12 中文件属性区域的首行"♯! /bin/sh"则表示该文件是一个 shell 脚本文件。如图在该文件末尾添加两行就可以实现设置网络参数的命令 ifconfig 和 route 随系统启动后自动执行，从而保证系统重启后原先使用 ifconfig 和 route 命令设置的网络参数仍然有效。如果希望其他的程序随系统启动一起自动运行，可以采取类似的办法。

6.2.2　使用 setup 配置网络参数

（1）在终端的命令提示符下输入命令 setup，出现如图 6.13 所示的配置界面，询问用户是否需要配置网络信息。

```
[root@localhost ~]#setup
```

（2）选择网络配置，按 Enter 键，如图 6.14 和图 6.15 进行配置即可。

说明：在配置过程中，空格键表示切换选择，Tab 键表示切换到下一个选项，Alt＋Tab 键表示切换到上一个选项。

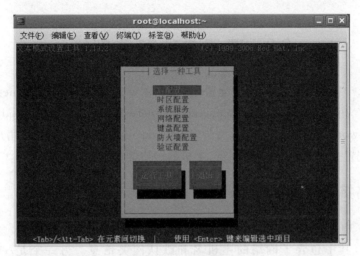

图 6.13　setup 配置界面

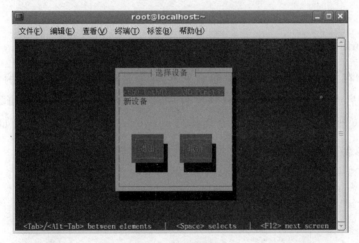

图 6.14　选择网卡

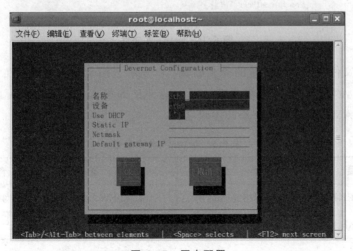

图 6.15　网卡配置

6.3　使用文件配置网络

在 Linux 中提供相应文件进行配置,其相关主要文件有 ifcfg-eth0、network、hosts、resolv. conf。相关文件存放/etc/sysconfig/network-scripts/ifcfg-eth0 文件、/etc/sysconfig/network 文件、/etc/hosts 文件和/etc/resolv. conf 文件。允许用户通过直接修改这些网络配置文件的办法来修改自己主机的网络接口参数。

6.3.1　网络接口配置文件

在 Linux 中用于记录网络接口配置信息的文件有两个,一个是/etc/sysconfig/network 文件,其中包含了网络的主机名和默认网关信息。另一个是/etc/sysconfig/network-scripts/ifcfg-eth0 文件,其中包含了主机获取 TCP/IP 参数的方式、主机的 IP 地址等信息。

1. network 文件

该文件中存放的网络默认网关参数和主机名是网络接口配置中的重要信息,当 Linux 系统重启或网络被重置时将从该文件中读取当前主机的主机名和默认使用的网关。如图 6.16 所示即为使用 cat 命令查看的 network 文件。其基本语法如下:

```
变量名=参数值
[root@ localhost ~]#cat /etc/sysconfig/network
```

```
[root@localhost ~]# cat /etc/sysconfig/network
NETWORKING=yes
NETWORKING_IPV6=no
HOSTNAME=localhost.localdomain
[root@localhost ~]#
```

图 6.16　network 文件

network 文件中的常用变量的含义如表 6.9 所示。由于主机名通常在 Linux 系统安装时已经确定,因此,此处只要修改默认网关的地址即可。当然用户也可以通过修改其中的 HOSTNAME 变量的值来修改主机名。

表 6.9　network 命令参数

变　　量	含　　义	变　　量	含　　义
NETWORKING	当前网络是否启用	GATEWAY	当前网络的默认网关
HOSTNAME	当前主机的主机名		

2. ifcfg-ethN 文件

在 RedHat Linux 系统中,系统以太网的网络设备的配置文件 ifcfg-ethN 保存在 /etc/sysconfig/network-scripts/目录中,Linux 系统启动时从中读取信息来初始化网络接口。其中该文件用于 ifcfg-eth0 保存当前主机的第一块网卡的配置信息,如果当前主机有多块网络接口卡,那么该目录还会包含 ifcfg-eth1、ifcfg-eth2 等文件,分别表示主机的第二个网络接口、第三个网络接口。

例 6.9:用 cat 命令查看本机 ifcfg-eth0 文件的内容,如图 6.17 所示,其中常见阐述的含义如表 6.10 所示。

```
[root@localhost ~]#cat /etc/sysconfig/network-scripts/ifcfg-eth0
```

图 6.17   ifcfg-eth0

表 6.10   ifcfg-eth0 文件中的变量

变　　量	含　　义
DEVICE	指定该文件配置的网络接口
BOOTPROTO	获取 TCP/IP 参数的方式,static 表示手工配置,dhcp 表示动态获取
BROADCAST	当前网络的广播地址
IPADDR	当前主机的 IP 地址
NETMASK	网络掩码
NETWORK	主机所在的网络
ONBOOT	是否在系统启动时激活该网络接口

可以根据实际的网络状况来修改 ifcfg-eth0 文件,保存后需要重启网络才能生效。重启网络的方法有如下几种:

(1) 使用 reboot 或 shutdown -r now 命令重启 Linux 操作系统。

(2) 在命令提示符下执行 network 脚本。

(3) 在命令提示符下使用 service 命令。service 命令的功能是启动、停止或重启 Linux 系统的某些服务,其格式如下:

```
service  服务名  [参数]
```

其参数及含义如表 6.11 所示。

表 6.11　Service 参数

参　　数	含　　义	参　　数	含　　义
start	启动指定的服务	restart 或 reload	重启指定的服务
stop	停用指定的服务	status	获取指定服务当前的状态

例 6.10：在命令提示符下使用如下命令重启网络：

```
[root@localhost ~]#service network restart
```

其执行过程如图 6.18 所示。

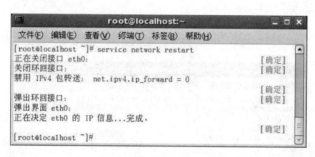

图 6.18　重启网络服务

此外，/etc/sysconfig/network-scripts/ 目录下还包括 ifcfg-lo 文件，其中设置了回环网络接口的网络配置信息。

所谓回环网络接口，是一种特殊的网络接口，该接口是在内核中实现的抽象接口，通过 lo 接口发送的数据并不会被投递到物理网络上，而只是在操作系统内核中传递，通常该接口用于测试网络 TCP/IP 协议安装是否正确。在网络地址指派公司 ICANN 分配 IP 地址的时候，将 127 开头的地址都留作了回环网的测试地址。另外，回环网的默认主机名为 localhost，所以在 Linux 的命令提示符下输入如下两个命令中的一个，可以测试当前系统中 TCP/IP 协议是否正常。

```
[root@localhost ~]#ping  -c 5 127.0.0.1
[root@localhost ~]#ping  -c 5 localhost
```

如果命令能够得到类似于如图 6.19 所示的返回信息，则表示当前系统的网络协议正常。

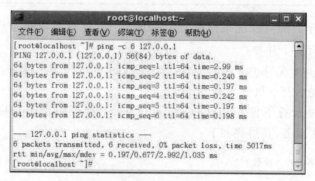

图 6.19　测试网络协议

　　说明：其实，service 命令用于调用/etc/init.d/目录下相应的服务启动脚本来实现启动、停止或重启系统服务。本例中 service 命令就是调用了/etc/init.d 目录下的 network 脚本。图中返回的"确定"信息表示网络重启成功。

6.3.2　域名解析客户端配置

　　域名的使用帮助了用户记忆 Internet 上的主机，方便了人们使用 Internet 网上的资源。但是网络设备能够识别的仍然是 IP 地址，当用户使用域名（这种域名被称为完全限制域名 FQDN）访问 Internet 网络上的主机时，特定的网络设备都是首先将域名翻译成 IP 地址，再利用 IP 地址去访问指定的主机的。这个将域名翻译成 IP 地址以及将 IP 地址翻译成域名的过程，称为域名解析。

　　网络上的域名解析的方式有两种：一种是使用本地主机上的 hosts 文件，由于该文件中的解析数据需要用户自行更新，故称为静态解析；另一种是通过网络上能够提供域名解析服务的主机进行统一解析，该主机称为域名解析服务器或 DNS 服务器，由于 DNS 服务器上的解析数据无须发送域名解析的用户进行更新和管理，故称为动态解析。

1. 静态域名解析

　　在 Linux 的/etc/目录下放置了 hosts 文件，其中记录了主机域名和对应的 IP 地址信息，一行为一条记录。在进行静态域名解析的时候，通过查询该文件中信息，就可以将域名解析成 IP 地址。该文件共分为 3 个字段，内容如图 6.20 所示。

```
[root@localhost ~]#more /etc/hosts
```

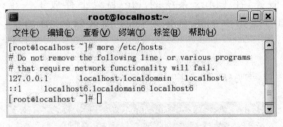

图 6.20　hosts 文件内容

　　从图 6.20 可以看到 hosts 文件共包含 3 个字段，每个字段使用空格或制表位 Tab 分隔。如图 6.20 的所示的 hosts 文件的第一行为例讲述该文件各字段的含义如表 6.12 所示。

表 6.12　hosts 参数含义

字　段	示　例	含　义
1	127.0.0.1	主机 IP 地址
2	localhost.localdomain	主机的 FQDN 域名
3	localhost	主机别名（可选）

说明：用户可以在该文件的末尾添加相应的行，以实现静态域名解析，如图 6.21 所示。

```
[root@localhost ~]#vi /etc/hosts
```

图 6.21 hosts 文件修改

用静态解析的优势在于 hosts 文件语法简单，其缺点也是明显的，就是用户需要自行管理 hosts 文件。当使用新的主机域名时，用户必须自行向 hosts 文件中添加解析信息，这就意味着用户必须首先知道给域名和 IP 地址的对应关系，通常这是比较难以办到的。而动态域名解析则无须用户自行管理域名解析所需的资源。

2. 动态域名解析

动态域名解析被设计成客户机/服务器模式，这种模式也称为 C/S 模式。被解析的主机域名和 IP 地址的对应信息有 DNS 服务器提供。其过程是：客户机，也就是使用 FQDN 域名进行网络访问的主机，在访问 Internet 之前现将被访问的主机域名发送给 DNS 服务器，服务器查询自己的数据库，找到该主机域名的 IP 地址，然后发送给客户机。

为了使用 DNS 服务，在 Linux 系统的/etc/目录下存放了一个 resolv.conf 文件，记录了能够为用户提供动态域名解析服务的 DNS 服务器的 IP 地址。该文件的内容如图 6.22 所示。

```
[root@localhost ~]#more /etc/resolv.conf
```

图 6.22 resolv.conf 文件内容

该文件一般包含 3~4 行，其中 search localdomain 行是可选内容，它定义默认搜索的域名清单，search 后面最多可以携带 6 个域名，域名之间使用空格隔开。nameserver 行记录了 DNS 服务器的 IP 地址，在 Linux 中 resolv.conf 文件里 nameserver 开头的行最多只能出现 3 行，多余的无效。其中，第一个 nameserver 行是主 DNS 服务器的 IP 地址，其余的 nameserver 行记录的是辅助 DNS 服务器的 IP 地址。

在 Linux 操作系统中，可以同时使用静态域名解析和动态域名解析，并且通过/etc/

host. conf 文件指定这两种方式的优先使用顺序。该文件通常包含如下的信息：

1）order bind,hosts

表示优先使用动态域名解析,失败后再使用静态域名解析。其中 bind 是 DNS 服务器使用软件包名称。

2）multi on

表示允许一个域名绑定多个 IP 地址的现象,在进行域名解析时,将返回该主机域名对应的所有 IP 地址。

3. 域名查询命令

当用户使用主机的 FQDN 主机名访问网络的时候,域名解析的过程通常相对于用户来说是透明的。如果用户确实希望直到某个 FQDN 主机名对应的 IP 地址或某个 IP 地址对应的 FQDN 主机名,可以使用下面 host 和 nslookup 命令。

1）host 命令

该命令用于查询域名信息,这些信息包括主机对应的 IP 地址、邮件服务器的信息,还可以返回指定域中所有主机的名称和 IP 地址的对应信息。其基本使用格式如下：

host [参数]　域名或主机名

常用的参数及含义如表 6.13 所示。

表 6.13　hosts 命令参数

参　数	含　义
-t A	查询指定主机名对应的 IP 地址,host 命令的默认值
-t MX	查询指定域下邮件服务器的主机名
--t CNAME	查询指定主机名的别名
-t NS	查询指定域内的 DNS 服务器信息
-t PTR	查询指定 IP 地址对应的主机名
-r	禁用递归查询
-a	返回指定域中所有主机信息

例如,使用 host 命令查询 163.com 的信息。

在命令提示符下使用如下的命令：

[root@ localhost ~]#host 163.com

其执行结果如图 6.23 所示。

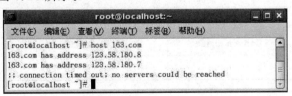

图 6.23　host 163.com

例6.11：使用 host 命令查询 zsu. edu. cn 域下，邮件服务器的信息。

在命令提示符下使用如下的命令：

```
[root@myhost root]#host -t MX zsu.edu.cn
```

2）nslookup 命令

和 host 命令稍有不同，nslookup 命令除了可以进行域名查询外，还可以诊断当前的 DNS 服务器是否正常。在命令提示符下直接输入 nslookup，会进入该命令的提示符 "＞"。在 nslookup 命令的提示符下输入要查询的 IP 地址域名，并按 Enter 键即可获取主机信息。在提示符下输入 exit 可以退出该命令，如图 6.24 所示。

```
[root@localhost ~]#nslookup
>www.cctv.com
>exit
```

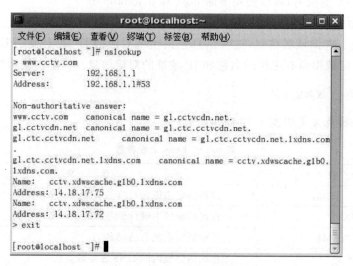

图 6.24   nslookup 命令使用

在 nslookup 命令中包含了许多子命令，这些子命令可以使用 set 在其提示符下执行，用于指定 nslookup 的命令行选项。其使用方法是：

```
set keyword=value
```

其中常用的 keyword 参数和 value 的常用取值及含义如表 6.14 所示。

表 6.14   常用 keyword 参数和 value 的取值

keyword 参数	value 取值	含　　义
all	—	显示当前的所有选项和可用 DNS 服务器信息
domain	domain_name	指定默认搜索的域名
port	port_num	指定域名解析服务器使用的端口号

续表

keyword 参数	value 取值	含　义
Querytype Type q	A	正向查询,即主机名转换成 IP 地址,默认选项
	CNAME	查询主机名的别名
	HINFO	返回主机的 CPU、操作系统等信息
	MX	返回指定域中所有主机信息
	NS	返回该域中的所有域名解析服务器
	PTR	反向查询,即由 IP 地址查询主机名
retry	num	设置域名查询是重试的次数
timeout	time_num	设置域名查询的超时时间,单位为秒

例 6.12：使用 nslookup 命令,查询当前安徽理工大学的邮件服务器(域名为 aust. edu. cn)邮件服务器的信息。

命令执行的过程如图 6.25 所示。

```
[root@localhost ~]#nslookup
>set q=MX
>exit
```

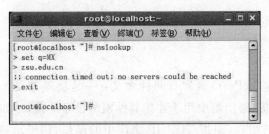

图 6.25　nslookup 查询邮件服务器信息

说明：图中没有正确列出邮件服务器相关信息,可能是网络问题,也可能是服务做了一些限制处理。

6.4　习　　题

1. 在终端命令提示下使用 ping,测试一下 www. 163. com。
2. 使用 traceroute 命令测试到目的主机 www. sohu. com 的路由。
3. 使用 netstat 命令查看本机的网络连接状态。
4. 查看本机网络接口 eth0 的 TCP/IP 参数信息。
5. 使用 route 命令在不带任何信息时,系统将返回当前路由表的信息。
6. 在命令提示符下使用 restart 命令重启网络。
7. 使用 host 命令查询 sohu. com 的信息。

第 7 章

Linux 系统安全

Linux 操作系统以安全性和稳定性著称,许多大型门户网站都以 Linux 作为服务器操作系统。然而随着黑客攻击技术的发展,系统安全防范工作仍然需要系统管理员的高度重视。在本章,首先介绍了几种常见的攻击类型以及 Linux 系统中帮助管理员发现攻击的重要工具——系统日志的管理,然后阐述了 Linux 系统的账号安全、网络安全等,并讲述如何使用 snort 进行入侵检测。

7.1 常见的攻击类型

常见的攻击方式包括端口扫描、嗅探、种植木马、传播病毒等。

1. 端口扫描

在网络技术中,端口(Port)通常有两种含义:一是物理意义上的端口,即调制解调器、网络集线器、交换机、路由器中用于连接其他网络设备的接口,如 RJ-45 端口、SC 端口等;二是逻辑意义上的端口,即指 TCP/IP 协议中的端口,用于承载特定的网络服务,其编号的范围为 0~65 535,例如,用于承载 Web 服务的是 80 端口,用于承载 FTP 服务的是 21 端口和 20 端口等。在网络技术中,每个端口承载的网络服务是特定的,因此可以根据端口的开放情况来判断当前系统中开启的服务。

扫描器就是通过依次试探远程主机 TCP 端口,获取目标主机的响应,并记录目标主机的响应。根据这些响应的信息可以搜集到很多关于目标主机的有用信息,包括该主机是否支持匿名登录以及提供某种服务的软件包的版本等。这些信息可以直接或间接地帮助攻击者了解目标主机可能存在的安全问题。

端口扫描器并不是一个直接攻击网络漏洞的程序,但是它能够帮助攻击者发现目标主机的某些内在安全问题。目前常用的端口扫描技术有 TCP connect 扫描、TCP SYN 扫描、TCP FIN 扫描、IP 段扫描、TCP 反向 ident 扫描以及 TCP 返回攻击等。通常扫描器应该具备如下的 3 项功能:

(1) 发现一个主机或网络的能力。

(2) 发现远程主机后,有获取该主机正在运行的服务的能力。

（3）通过测试远程主机上正在运行的服务，发现漏洞的能力。

2. 嗅探

嗅探技术是一种重要的网络安全攻防技术，攻击者可以通过嗅探技术以非常隐蔽的方式攫取网络中的大量敏感信息，与主动扫描相比，嗅探更加难以被发觉，也更加容易操作和实现。对于网络管理员来说，借助嗅探技术可以对网络活动进行实时监控，发现网络中的各种攻击行为。

嗅探操作的成功实施是因为以太网的共享式特性决定的。由于以太网是基于广播方式传输数据的，所有的物理信号都会被传送到每一个网络主机节点，而且以太网中的主机网卡允许设置成混杂接收模式，在这种模式下，无论监听到的数据帧的目的地址如何，网卡都可以予以接收。更重要的是，在 TCP/IP 协议栈中网络信息的传递大多是以明文传输的，这些信息中往往包含了大量的敏感信息，比如邮箱、FTP 或 telnet 的账号和口令等，因此使用嗅探的方法可以获取这些敏感信息。

嗅探器最初是作为网络管理员检测网络通信的工具出现的，它既可以是软件的，也可以是硬件设备。软件嗅探器使用方便，可以针对不同的操作系统使用不同的软件嗅探器，而且很多软件嗅探器都是免费的。常用的嗅探器有 Tcpdump/Windump、Sniffit、Ettercap 和 Snarp 等。

处于网络中的主机，如果发现网络出现了数据包丢失率很高或网络带宽长期被网络中的某台主机占用，就应该怀疑网络中是否存在嗅探器。

3. 木马

木马又称特洛伊木马，是一种恶意计算机程序，长期驻留在目标计算机中，可以随系统启动并且秘密开放一个甚至多个数据传输通道的远程控制程序。木马程序一般由客户端（Client）和服务器端（Server）两部分组成，客户端也称为控制端，一般位于入侵者计算机中；服务器端则一般位于用户计算机中。木马本身不带伤害性，也没有感染能力，所以木马不是病毒。

木马通常具有隐蔽性和非授权性的特点。所谓隐蔽性，是指木马的设计者为了防止木马被发现，会采用多种手段隐藏木马，这样服务端计算机即使发现感染了木马，也不能确定其具体位置。所谓非授权性，是指一旦客户端与服务端连接后，客户端将享有服务端的大部分操作权限，包括修改文件、修改注册表、控制鼠标、键盘等，这些权力并不是服务端赋予的，而是通过木马程序窃取的。

入侵者一般使用木马来监视被入侵者或盗取被入侵者的密码、敏感数据等。

4. 病毒

虽然 Linux 系统的病毒并不像 Windows 系统那样数量繁多，但是威胁 Linux 平台的病毒同样存在，如 Klez、Lion. worm、Morris. worm、Slapper、Scalper、Linux. Svat 和 BoxPoison 病毒等。Linux 下的病毒可以如下分类：

1) 蠕虫(worm)病毒

1988 年 Morris 蠕虫爆发后,Eugene H. Spafford 给出了蠕虫的定义:"计算机蠕虫可以独立运行,并能把自身的一个包含所有功能的版本传播到另外的计算机上。"和其他种类的病毒相比,在 Linux 平台下最为猖獗的就是蠕虫病毒,如利用系统漏洞进行传播的 ramen、lion、Slapper 等,都曾给 Linux 系统用户造成了巨大的损失。随着 Linux 系统应用越广泛,蠕虫的传播程度和破坏能力也会随之增加。

2) 可执行文件型病毒

可执行文件型病毒是指能够感染可执行文件的病毒,如 Lindose。这种病毒大部分都只是企图以感染其他主机程序的方式进行自我复制。

3) 脚本病毒

目前出现比较多的是使用 shell 脚本语言编写的病毒。此类病毒编写较为简单,但是破坏力同样惊人;一个十数行的 shell 脚本就可以在短时间内遍历整个硬盘中的所有脚本文件,并进行感染;且此类病毒还具有编写简单的特点。

4) 后门程序

后门程序一般是指那些绕过安全性控制而获取程序或系统访问权的程序。在广义的病毒定义概念中,后门也已经纳入了病毒的范畴。从增加系统超级用户账号的简单后门,到利用系统服务加载,共享库文件注册,rootkit 工具包,甚至装载内核模块(LKM),Linux 平台下的后门技术发展非常成熟,其隐蔽性强,难以清除。

7.2 Linux 日志管理

在任何操作系统中,日志系统对于系统安全来说都是非常重要的,它记录了系统每天发生的各种各样的事件,包括哪些用户曾经或正在使用系统,可以通过日志来检查系统和应用程序发生错误的原因。日志还能在系统受到黑客攻击后,记录下攻击者留下的痕迹,通过这些痕迹,系统管理员可以发现黑客攻击的手段及特点,从而能够进行相应的处理,为抵御下一次攻击做好准备。日志主要的功能有审计和监测,另外,利用日志还可以实时监测系统状态,监测和追踪侵入者等。

7.2.1 Linux 日志系统简介

在 Linux 系统中利用日志可以审计和检测系统出现的错误,侦查和追踪入侵,并协助系统进行恢复和排除故障。在 RedHat Linux 9 系统中,日志功能通常是由 syslog(对应 syslogd 守护进程)和 klog(对应 klogd 守护进程)日志系统来完成,syslog 记录常规系统日志,而 klog 是针对内核活动的日志。

Linux 日志是按照类别保存在日志文件中的,一般保存在/var/log 目录下,绝大部分只有系统管理员才能够查看。

如表 7.1 列出了/var/log 目录下的日志文件及其功能,其中"＊"表示通配符。

表 7.1　/var/log 目录下的日志文件及其功能

日志文件	功 能 说 明
cups	与打印服务相关的日志文件目录
gdm	存放 GNOME 启动日志文件目录
httpd	存放 Web 服务器日志文件的目录
news	存放网络新闻组服务相关的日志文件目录
squid	存放 squid 代理服务日志文件的目录
secure*	与安全连接相关的日志文件
scrollkeeper.log	用于 GUI 中文档的日志文件/var/log 目录下的日志文件及其功能
boot.log*	记录了与启动和停止守护进程相关的日志
messages*	记录系统的一般性日志
rpmpkgs	记录当前已安装的 RPM 软件包
lastlog	记录最近登录的系统用户
dmesg	记录了与系统启动相关的引导信息
wtmp	记录用户登录系统的状况
cron*	记录 crond 进程的日志文件

这些日志文件可以分为 3 类。

1. 连接时间日志

由多个程序执行,把记录写入到/var/log/wtmp 和/var/run/utmp 中,login 等程序更新 wtmp 和 utmp 文件,使系统管理员能够跟踪谁在何时登录到了系统中。

2. 进程统计

由系统内核执行。当一个进程终止时,为每个进程往进程统计文件(pacct 或 acct,分别位于/usr/adm/pactt 和/usr/lib/acct/startup)中写一个记录。进程统计的目的是为系统中的基本服务提供命令使用统计。

3. 错误日志

由 syslogd(8)守护进程执行,各种系统守护进程、用户程序和内核通过 syslogd(8)守护进程向文件/var/log/messages 报告值得注意的事件。

7.2.2　配置系统日志

几乎所有的类 UNIX 系统(如 Linux)系统都采用 syslog 进行系统日志的管理与配置。任何程序可以通过 syslog 记录事件,并且可以将记录的系统事件写入到一个文件或设备,或给用户发送一个邮件。

syslog 有两个重要的文件,一个是守护进程/sbin/syslogd,另一个是 syslogd 的配置文件/etc/ /syslog.conf。通常多数的 syslog 信息被写到/var/log 目录下的日志文件 message. * 中。一个典型的 syslog.conf 记录包括生成日志的程序名称、日志的设备名、日志的优先等级以及一段文本信息。

1. 启动 syslog 日志进程

启动 syslog 日志守护进程 syslogd 的命令格式如下:

/sbin/syslogd [选项]

该命令常用的参数及含义如表 7.2 所示。

表 7.2　syslogd 命令参数及含义

参　　数	含　　义
-a socket	添加日志监听的用户定义的套接口
-d	使用调试模式
-f conf_file	指定 syslogd 的配置文件
-h	记录远程主机返回的日志
-l hostlist	使用指定的简单主机名记录日志的主机名域
-p socket	使用指定的套接口启动 syslogd 进程
-r	接收并记录网络日志

重启 syslogd 日志守护进程,可以在终端提示符下输入如下的命令:

[root@localhost ~]#service syslogd restart

或

[root@localhost ~]#kill -HUP 'cat /var/run/syslogd.pid'

说明:在该命令中,/var/run/syslogd.pid 文件存放了当前 syslogd 守护进程的 pid,整个命令的执行步骤是,先使用 cat /var/run/syslogd.pid 获取当前系统的 syslogd 守护进程的 pid,然后使用 kill 命令传递-HUP 信号给该 pid 指定的进程,对其进行重启操作。

2. syslogd 的主配置文件

系统日志 syslog 的主配置文件是/etc/syslog.conf。syslog 记录的内容及其记录存放的日志文件由该文件指定,可以通过修改 syslog.conf 文件的方法来配置 syslogd。该文件的基本语法格式如下:

设备(facility).优先级(priority)动作

1) 日志设备 facility

日志设备 facility 表示日志消息的来源,指明了发出消息的设备或程序,主要设备及说明如表 7.3 所示。

表 7.3　syslog 常用的日志设备及说明

设　备	说　　　明	设　备	说　　　明
kern	内核日志	auth	安全管理日志
uucp	uucp 系统日志	lpr	打印服务日志
user	用户程序日志	cron	cron 守护进程日志
news	新闻组服务日志	authpriv	私有授权系统日志
mail	邮件系统日志	ftp	ftp 守护进程日志
daemon	系统守护进程日志	local0～local7	本地日志
syslog	syslog 守护进程日志		

2) 优先级 priority

日志优先级 priority 表明日志消息的紧急程度。如果在 syslog.conf 文件中的一行出现多对"设备.优先级"，各项之间使用分号隔开。syslog 日志系统中常用的日志优先级如表 7.4 所示，其中紧急程度由上到下逐级递减。

表 7.4　syslog 常用的日志优先级

日志优先级	说　　　明
emerge	发生严重事件，并可能导致系统崩溃
alert	严重错误，将导致程序关闭，并可能影响其他程序
crit	错误消息，可能导致程序关闭
err	程序中存在错误
warning	程序中存在潜在问题的警告
notice	程序运行中出现了不正常的现象，需要检查
info	关于程序当前状态的报告信息
debug	编程人员或测试人员使用的调试信息

其中紧急程度遵循向上匹配的原则。例如，err 优先级表示所有高于或等于 err 等级的日志消息都将被处理，即所处理的日志消息包括 err、crit、alert 和 emerge 等级的消息。如果只希望精确匹配某个确定的紧急程序，而不使用向上匹配原则，则需要使用等号进行设定。例如，"kern.＝alert"表示只对内核产生的 alert 日志信息进行处理。

在 syslog.conf 文件的配置行中，也支持通配符"＊"和 none，其中"＊"表示匹配全部，none 表示全部忽略。例如，记录守护进程产生的所有日志消息可以使用"daemon.＊"，而忽略内核产生的所有日志消息则可以使用"kern.none"。

3) 动作

syslog.conf 文件配置行中的动作，用于设定 syslogd 如何处理对应的日志消息。处理的办法,可以设定将日志信息写入文件或显示到终端设备上,或者通过邮件直接发送给指定的用户,或者发送到另一台远程主机的 syslog 系统。

syslogd 可使用的动作及说明如表 7.5 所示。

表 7.5   syslogd 常用的动作及说明

动　作	说　明
@host_name	将日志消息转发到 host_name 指定的远程主机的 syslog 程序
@ip_addr	将日志消息转发到 ip_addr 指定的远程主机的 syslog 程序
*	将日志消息转发到系统中所有用户的终端
/dev/console	将日志消息转发到本地主机的终端
/dev/lpr	将日志消息转发到打印机打印
｜ program	通过管道将日志消息转发给某个程序
file_name	将日志消息写入 file_name 指定的文件(文件使用绝对路径)
user_list	将日志转发给用户列表 user_list 指定的用户,用户名之间使用逗号隔开

4) syslog.conf 文件的默认设置

/etc/syslog.conf 文件的默认设置如图 7.1 所示。

[root@localhost ~]#more /etc/syslog.conf

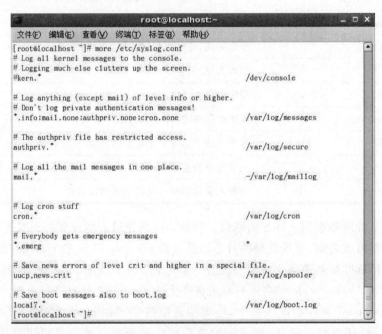

图 7.1   syslog.conf 默认设置

其中,行“＊.info;mail.none;authpriv.none;cron.none /var/log/messages”表示匹配 mail、authpriv、cron 等多个设备。

3. 配置 syslogd

例如,将一般性的日志消息保存到/var/log/messages 文件中,但不包括邮件、新闻组、本地安全认证、守护进程以及 cron 程序产生的日志消息,可以配置如图 7.2 所示的行。

```
[root@localhost ~]#vi /etc/syslog.conf
```

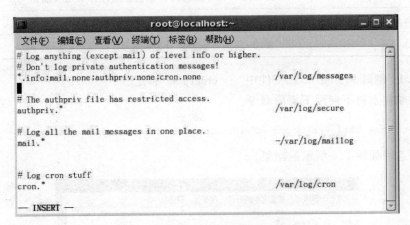

图 7.2　配置 **messages** 文件日志内容

如将与打印机相关的日志信息发送到 pringinf. zsu. edu. cn 主机上,由该主机的 syslog 日志系统记录,可以配置如图 7.3 所示的行。

```
[root@localhost ~]#vi /etc/syslog.conf
```

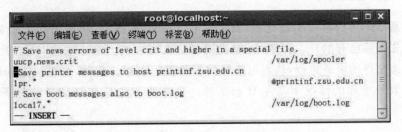

图 7.3　配置打印机日志

说明:syslog. conf 文件修改后,需要重启 syslogd 守护进程才能应用新的配置。

4. 测试 syslog. conf 文件

syslog. conf 文件修改后,使用者按照 syslog. conf 文件中的设置,使用 logger 命令发出指定类型的日志消息,检测配置文件是否正确。logger 命令的格式如下:

```
logger [选项] msg
```

该命令常用的参数及含义如表 7.6 所示。

表 7.6　logger 常用的参数及含义

参　　数	含　　义
-p fac. pr	logger 命令发送消息时使用 fac. pri 指定的设备和优先级
-f conf_file	logger 命令使用 conf_file 指定的 syslogd 配置文件
-i	记录发送消息的 logger 程序的 pid
-s	将 logger 程序发送的日志消息送往标准错误输出
-u socket	将 logger 程序发送的日志投递到指定的 socket 套接口
-d	使用 UDP 协议传输日志消息

例 7.1：测试 syslog. conf 文件中“ * . emerg * ”部分。

在终端提示符下使用下面的命令：

```
[root@localhost ~]#logger -p kern.emerg "this is syslog.conf test"
```

命令返回如图 7.4 所示的结果。

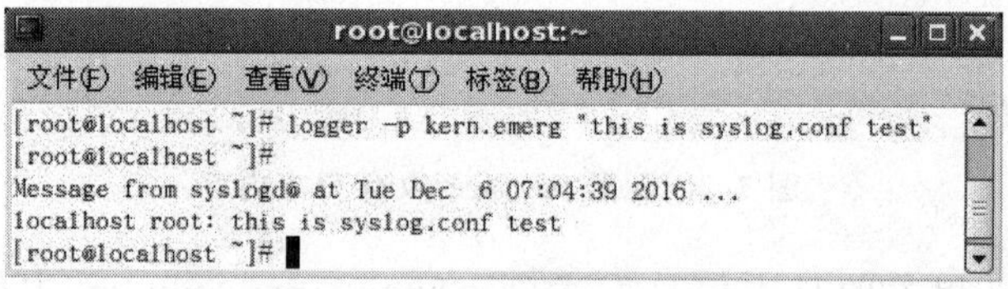

图 7.4　logger 发送日志消息

5. 清空日志文件

随着系统的运行时间不断延长，日志文件也会越来越大，从而消耗大量磁盘空间。如果通过先删除已有的日志文件，再重建同名日志文件的方法来清空日志，就需要先停止创建日志文件的服务进程，从而可能导致服务进程出错。此时，可以通过 echo 命令在不必停止服务进程的情况下清空日志文件。具体的方法是在终端提示符下输入如下命令：

```
[root@localhost ~]#echo "" > log_file
```

其中 log_file 代表需要清空的日志文件。例如，要清空日志文件/var/log/messages，可以使用如下命令：

```
[root@localhost ~]#echo "" > /var/log/messages
```

7.2.3　日志系统

Linux 系统中提供了查看日志的命令行工具和图形工具，用户可以使用这些工具查看 Linux 的系统日志。

使用命令查看日志

/var/log/boot. log 文件记录了与启动和终止守护进程相关的信息。/var/log/messages 文件记录了系统除邮件、新闻组、本地安全认证、守护进程以及 cron 程序日志以外的全部日志信息。这些日志文件时使用文本方式记录的,所以可以使用查看文本文件的工具来查看,如 cat、more、tail 和 less 等。

例如,使用 tail 命令查看 messages 日志内容如图 7.5 所示。

```
[root@localhost ~]#tail -4 /var/log/messages
```

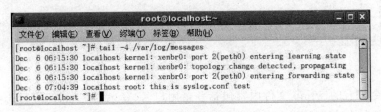

图 7.5　messages 日志内容

在 messages 日志文件中,每行记录一个日志事件,每个事件都包括如下的字段:

(1) 时间标签——表示消息发出的日期和时间。

(2) 主机名——表示生成消息的计算机的名字。如果只有一台计算机,主机名就可能没有必要了,但是,如果在网络环境中使用 syslog,那么可以把不同主机的日志消息发送到一台服务器上集中处理。

(3) 生成消息的子系统的名字——可以是 kernel,表示消息来自内核,或者是进程的名字,表示发出消息的程序的名字。

(4) 消息——即是日志内容。

utmp 和 wtmp 日志文件是多数 Linux 日志系统的关键文件,它保存了用户登录和注销的记录。有关当前登录用户的信息记录在 utmp 文件中,登录、注销、数据交换、关机以及重启等信息都记录在 wtmp 文件中。所有的记录都包含时间戳(即文件的创建、修改和访问时间)。

在 Linux 系统中 wtmp 和 utmp 是二进制文件,可以使用 last 命令来查看 wtmp 文件内容。其使用格式如下:

```
last  [选项]
```

该命令常用的参数及含义如表 7.7 所示。

表 7.7　last 命令参数及含义

参　　数	含　　义	参　　数	含　　义
-R	省略主机名字段	username	显示 username 指定的用户登录信息
-n	只显示前 n 条信息	tty	只显示从 tty 终端登录的信息

例 7.2:查看 root 近期登录的信息。

在终端提示符下执行如下的命令：

```
[root@ localhost ~]#last -10 root
```

结果如图 7.6 所示。

图 7.6　last 命令使用

last 命令查看的 wtmp 文件内容包括登录用户名、登录的终端、产生日志的主机网络地址、日志产生的时间、当前用户状态和时间戳 6 个字段。

who 命令默认时报告当前登录的每个用户，查看的是 utmp 文件的信息，但也可以指明查看 wtmp 文件的信息。如图 7.7 所示为使用 who 命令查询 utmp 文件并报告当前登录的用户信息，默认输出包括用户名、终端类型、登录日期及远程主机。

```
[root@ localhost ~]#who
```

图 7.7　who 查看 utmp 文件

who 命令还可以通过指定文件名的方法来查看 wtmp 日志文件的信息，如图 7.8 所示。

```
[root@ localhost ~]#who /var/log/wtmp
```

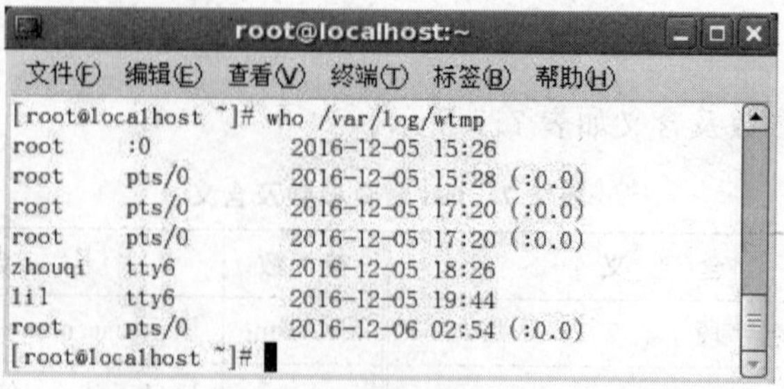

图 7.8　who 查看 wtmp 文件

日志文件/var/log/dmesg 存放了系统启动时内核产生的日志,记录了内核对硬件的配置过程。首先从 BIOS 开始,然后依次查找 CPU、硬盘驱动器、PCI 设备和通信端口,接下来启动分区上的文件系统,最后配置键盘和鼠标等其他设备。使用 dmesg 命令可以查看该文件的信息,如图 7.9 所示。

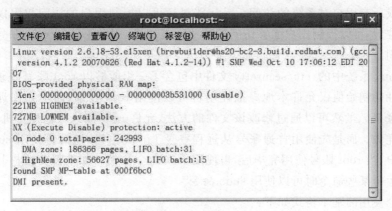

图 7.9　dmesg 日志

从图 7.9 可以看出在主机使用的内存容量为 727MB,机器实际安装的内存为 948MB,则可以从该日志中判断多余的内存被 Linux 系统识别为 221MB。

```
[root@localhost ~]#vi /var/log/dmesg
```

7.3　Linux 用户安全

Linux 的用户安全包括账号安全和口令安全两个部分。

7.3.1　Linux 账号安全

1. 删除多余账号

在 Linux 系统中默认添加的各种账号中,有很多是无用的,或者有部分账号因为没有启动该服务而成为多余账号,例如,如果不使用 ssh 服务器,那么 sshd 账号就是多余账号,如果不使用匿名的 ftp 服务,那么账号 ftp 即为多余。账号越多,系统越容易受到攻击。系统管理员应该在第一次使用系统时检查并删除不需要的账号。

在终端提示符下使用如下的命令即可删除多余的账号。

```
[root@localhost ~]#userdel mail
```

如果没有使用 sendmail 服务器,删除该用户在没有开启相应的服务的时候,如下的账号都可以删除:adm、lp、sync、halt、mail、mailnull、games、news、sshd、gopher、uucp、ftp、operator、named 等。

2. root 账号安全

在 Linux 系统中,所有的管理功能都能由 root 账号完成,它是系统的超级用户。root 账号能对系统的所有资源做最大限度的调整,还可以直接允许或禁用单个用户、一部分用户或所有用户对系统的访问。root 账号还可以控制用户的访问权限以及用户存放文件的位置,可以控制用户能够访问的哪些系统资源,因此不能把 root 账号当作普通用户来使用。

在 Linux 系统中的/etc/securetty 文件中包含了一组能够以 root 账号登录的终端名称。该文件的初始值仅允许本地虚拟控制台可以使用 root 登录,而不允许远程用户以 root 账号登录。虽然可以通过修改该文件的方法,允许 root 账号从远程主机登录,但是不建议这样做。而是先使用普通账号从远程登录 Linux 主机,然后再使用 su 命令升级为超级用户,当 root 账号使用完毕后,再使用 exit 命令注销。如果需要授权其他用户以root 身份运行某些命令时可以使用 sudo 命令。

该命令使用的基本格式如下:

```
sudo <command_line>
```

其中 command_line 为需要以 root 身份运行的命令行,如图 7.10 所示。

```
[root@localhost ~]#sudo more /etc/shadow
```

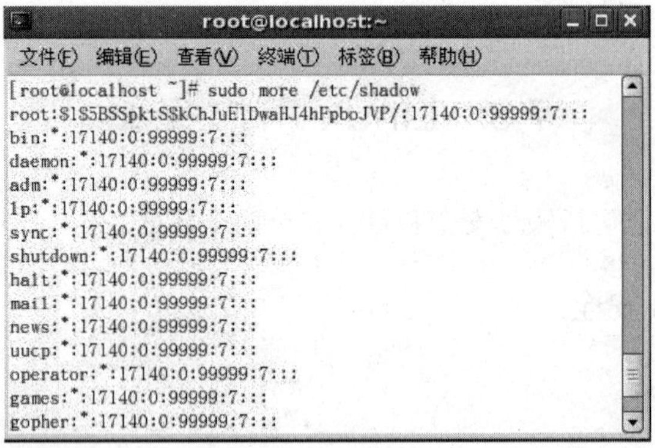

图 7.10　sudo 用法

需要注意的是,如果用户在离开时忘记从系统中注销,特别是 root 账号离开时忘记注销,会给系统带来不可预知的隐患。Linux 系统可以控制系统在空闲时自动从 shell 中注销,/etc/profile 文件中的 timeout 变量即为空闲的超时时间,例如:

```
timeout=600
```

表示用户在 600 秒内无操作后将自动注销。

3. 用户信息文件安全

在 Linux 系统中,用户的信息都被保存在/etc/passwd 和/etc/shadow 文件中,用户组的信息保存在/etc/group 和/etc/gshadow 文件中。为了防止攻击者偷窥用户和组信息,应该按如下方式设置这些文件的访问权限:

```
[root@ localhost ~]#chmod 600 /etc/passwd
[root@ localhost ~]#chmod 600 /etc/shadow
[root@ localhost ~]#chmod 600 /etc/group
[root@ localhost ~]#chmod 600 /etc/gshadow
```

为了防止非授权用户通过修改用户信息文件和用户组文件修改用户口令和组群资料,可以给这些文件添加不可更改的属性,这时可使用 chattr 命令,其格式如下:

```
chattr [mode] -R file_name
```

其中,参数-R 表示递归设置目录中所有文件的属性。mode 是文件的属性,可以使用"＋"表示添加某种属性,"-"表示取消某种属性,"＝"表示具有某种属性。

其可以设置的属性如表 7.8 所示。

表 7.8 chattr 常用的文件属性

属 性	说 明	属 性	说 明
A	不允许更新访问时间	a	仅允许追加更新
S	同步更新文件	d	不允许清空文件
D	同步更新目录内容	i	不允许修改文件内容

例 7.3:在终端提示符下输入如下的命令可以设置/etd/passwd 文件、/etc/shadow 文件、/etc/group 文件和/etc/gshadow 文件的不可修改属性。

```
[root@localhost ~]#chattr+i /etc/passwd
[root@localhost ~]#chattr+i /etc/shadow
[root@localhost ~]#chattr+i /etc/group
[root@localhost ~]#chattr+i /etc/gshadow
```

4. 关于 setuid 属性

在 Linux 系统中,一些应用程序被设置了 setuid 属性。这些程序在运行时,能有效地将当前执行该程序的用户的 uid 改变成应用程序所有者的 uid,使得应用程序进程在很大程度上拥有该程序所有者的特权。如果被设置了 setuid 属性的应用程序归 root 所有,那么该进程在运行时就会自动拥有超级用户的特权,即使该进程不是 root 用户启动的,如/usr/bin/passwd 程序。

由于具有 setuid 属性的程序在运行时能够拥有 root 账号,会给系统带来一定的安全隐患,因此应该尽可能减少应用程序设置 setuid 属性。做到除非必要,否则尽量不要给应用程序设置 setuid 属性。系统管理员,可以使用 find 命令查找系统中所有被设置了 setuid 属性的应用程序。在终端提示符下,输入如下的 find 命令,搜索结果如图 7.11 所示。

```
[root@localhost ~]#find / -perm -4000
```

图 7.11　设置了 setuid 属性的应用程序

对于非必要的被设置了 setuid 属性的应用程序,可以在终端提示符下使用 chmod 命令将其除去,例如除去/usr/bin/rcp 程序 setuid 属性的命令如下:

```
[root@localhost ~]#chmod -s /usr/bin/rcp
```

7.3.2　用户口令安全

口令是 Linux 系统对用户进行认证的主要手段,口令安全是 Linux 系统安全的基石。不幸的是,用户往往对自己的口令安全没有足够的重视。一个简单、易破解的口令就等于对攻击者敞开系统的大门,攻击者一旦获得重要账号的口令,就能够长驱直入。

通常入侵者可以使用 John 等自动化的工具软件多次尝试登录系统,简单的口令很容易被破解。一个健壮性高的口令应该具备以下特点:不包含个人信息,不存在键盘顺序规律,不使用字典中的单词,最好包含非字母符号,长度不小于 8 位,同时还方便记忆。一个比较实用的办法就是:先记住一句话,然后将这句话的第一个字母取出,再将标点符号加在字母的序列中,前后还可以加几个数字,同时可以在口令中混用大小写,例如,本教材名为《Linux 操作系统基础应用及原理》,可以写成口令"77<Lczxtjcyyjyl>",这便是一个健壮的口令。

在 Linux 系统中,大多数版本的 passwd 程序都可以设置一定的规范来定义用户口令,例如要求用户设置的口令不得少于 8 个字符,还可以限定用户口令使用的时间,保证定期更改口令等。编辑系统登录文件/etc/login.defs 可以实现上述目标。该文件中有如下的行:

PASS_MAX_DAYS	99999	口令使用的最长时间
PASS_MIN_DAYS	0	口令使用的最短时间,0 表示不限
PASS_MIN_LEN	8	口令的最小长度
PASS_WARN_AGE	7	在口令过期前多少天给出警告

访问控制和身份认证是计算机系统安全的两个重要的方面。访问控制用于判定网络中允许访问主机资源的是不是合法的网络段的主机,身份认证用于判定访问主机资源的用户是否为合法的系统用户。

7.3.3　TCP Wrappers

在 Linux 操作系统中 TCP Wrappers 是用于实现访问控制的一个重要的组件,可以控制基于网络地址对主机的某些网络服务的访问,这些服务包括 xinetd、vsFTP、telnet 等。如果系统支持 TCP Wrappers 实现访问控制,可以在/usr/lib/目录下找到 libwrap. so.0.x.x 模块。

1. TCP Wrappers 的功能

TCP Wrappers 是一个轻量级的保护程序,它提供了一个守护进程/usr/sbin/tcpd。TCP Wrappers 安装和使用的时候并不需要对现有的应用软件进行任何的改动,运行后会自动检查所请求的服务和相应的客户端进行安全验证,在整个过程中,不会与客户端和服务器交换信息及建立连接。常见的支持 TCP Wrappers 的网络服务程序有/usr/sbin/sshd、/usr/sbin/sendmail 和/usr/sbin/xinetd 等。

2. TCP Wrappers 的配置

TCP Wrappers 的配置包括开启服务进程 TCP Wrappers 的支持和设定访问控制策略。例如,可以在 vsFTP 服务的配置文件/etc/vsftpd/vsftpd.conf 中有如下的配置行,用于决定是否开启 vsftpd 对 TCP Wrappers 的支持:

```
tcp_wrappers=YES
```

取值 YES 表示支持 TCP Wrappers;NO 表示不支持。

TCP Wrappers 会在正常的服务程序之外加一个应答请求、建立连接之前检查远程主机名称和用户等信息,查看是否符合预先的设定。在 Linux 系统的/etc/目录中有 hosts.allow 和 hosts.deny 文件,用于保存 TCP Wrappers 基于主机地址的访问控制策略。其中,hosts.allow 用于保存允许访问的策略;hosts.deny 用于保存拒绝访问的策略。

hosts.allow 和 hosts.deny 文件拥有相同的语法,一行代表对一个服务的访问控制策略,每一行的前两个字段是必须有的,动作字段是可选的,具体语法如下:

服务程序列表 : 客户机地址列表 [: 动作]

其中,"服务程序列表"字段表示使用访问控制的服务程序,可能的取值及含义如表 7.9 所示。

表 7.9　服务程序列表取值及含义

取　　值	说　　明
ALL	代表所有的服务程序
serv_name	代表具体的服务程序。例如,in. telnetd 代表 telnet 服务器程序,vsftpd 代表 vsftpd 服务器程序
serv_name1,serv_name2	代表多个服务程序同时使用该设置,如"in. telnetd,vsftpd"

"客户机地址列表"字段指明了拒绝或允许访问服务的客户机的 IP 地址或主机名等,其可能的取值及含义如表 7.10 所示。

表 7.10　客户机地址列表取值及含义

取　　值	说　　明
ALL	代表所有的客户机地址
LOCAL	代表本机地址
KNOW	代表可解析的域名
UNKNOW	代表不可解析的域名
以句点"."开始的域名	代表该域下的所有主机。例如". aust. edu. cn"代表 aust. edu. cn 域中的所有主机
子网/掩码	对某个子网中的所有主机使用"子网/掩码"的形式表示,例如,"210.45. 151.0/24"表示标准 C 类网络 210.45.151.0 下的所有主机
直接使用 IP 地址	对于网络中的某个主机可直接使用 IP 地址表示

"动作"字段表示允许或拒绝客户机访问。可选取值及含义如表 7.11 所示。

表 7.11　动作字段取值及含义

取　　值	说　　明
allow	表示允许,hosts. allow 文件中默认是 allow,可以省略不写
deny	表示拒绝,hosts. deny 文件中默认是 deny,可以省略不写

对于 hosts. allow 文件和 hosts. deny 文件,tcpd 守护进程首先解析/etc/hosts. allow 文件,如果发现第一个匹配规则后退出,并且不再解析 hosts. deny,否则接着解析/etc/ hosts. deny,找到第一个匹配规则后退出。如果在这两个文件中都没有找到匹配的规则,或这两个文件都不存在,那么就授予访问这项服务的权限。

TCP Wrappers 并不缓存主机访问文件中的规则,因此对 hosts. allow 或 hosts. deny 的配置改变都无须重新启动网络服务便会马上起作用。

例 7.4:配置 TCP Wrappers,完成以下的访问控制功能:

(1) 使用 TCP Wrappers 对 vsftpd 服务和 telnet 服务进行基于主机的访问控制,vsftpd 服务器和 telnet 服务器所在主机的地址为 192. 168. 1. 7。

（2）对于 vsftpd 服务只允许 IP 地址为 192.168.1.9 至 192.168.1.200 的主机进行访问。

（3）由于 telnet 服务不安全，因此只允许 IP 地址为 192.168.1.122 的客户机访问。

7.4　习　　题

1. 简述 TCP Wrappers 的基本功能。

2. 简述口令安全的一些基本要求。

3. 一般情况下，如果用户在离开时忘记从系统中注销，特别是 root 账号离开时忘记注销，会给系统带来不可预知的隐患，能否说说为什么？并设置自动注解。

4. 在 Linux 系统中，用户的信息都被保存在/etc/passwd 和/etc/shadow 文件中，用户组的信息保存在/etc/group 和/etc/gshadow 文件中。为了防止攻击者偷窥用户和组信息，如何设置这些文件的访问权限，并添加不可更改的属性？

5. 使用 tail 命令查看 messages 日志，并找出一个时间标签、主机名、生成消息的子系统的名字及相关信息。

6. 将一般性的日志消息保存到/var/log/messages 文件中，但不包括邮件、新闻组、本地安全认证、守护进程以及 cron 程序产生的日志消息，并清空日志文件。

chapter 8

进 程 管 理

在多道程序系统中,可能同时有多个运行的程序,其共享资源,相互之间制约和依赖,轮流使用 CPU,表现出复杂的行为特性。进程是为描述并发程序的执行过程而引入的概念,进程管理就是对并发程序的运行过程的管理,也就是对处理器的管理。其功能是跟踪和控制所有进程的活动,为分配和调度 CPU,协调进程的运行步调。其目标是最大限度地发挥 CPU 的处理能力,提高进程的运行效率。

8.1 进　　程

进程(Process)是计算机中的程序关于某数据集合上的一次运行活动,是系统进行资源分配和调度的基本单位,是操作系统结构的基础。在早期面向进程设计的计算机结构中,进程是程序的基本执行实体;在当代面向线程设计的计算机结构中,进程是线程的容器。程序是指令、数据及其组织形式的描述,进程是程序的实体。

进程是现代操作系统的核心概念,它用来描述程序的执行过程,是实现多任务操作系统的基础。操作系统的其他所有内容都是围绕着进程展开的。因此,正确地理解和认识进程是理解操作系统原理的基础和关键。

8.1.1 程序的顺序执行与并发执行

1. 程序的顺序执行

如果程序的各操作步骤之间是依序执行的,程序与程序之间是串行执行的,这种执行程序的方式就称为顺序执行。顺序执行是单道程序系统中的程序的运行方式。

程序的顺序执行具有如下特点:

(1) 顺序性。CPU 严格按照程序规定的顺序执行,仅当一个操作结束后,下一个操作才能开始执行。多个程序要运行时,仅当一个程序全部执行结束后另一个程序才能开始。

(2) 封闭性。程序在封闭的环境中运行,即程序运行时独占全部系统资源,只有程序本身才能改变程序的运行环境。因而程序的执行过程不受外界因素的影响,结果只取决于程序自身。

（3）可再现性。程序执行的结果与运行的时间和速度无关，结果总是可再现的，即无论何时重复执行该程序都会得到同样的结果。

总的说来，这种执行程序的方式简单，且便于调试。但由于顺序程序在运行时独占全部系统资源，因而系统资源利用率很低。DOS 程序就是采用顺序方式执行的。

2. 程序的并发执行

单道程序、封闭式运行是早期操作系统的标志，而多道程序并发运行是现代操作系统的基本特征。由于同时有多个程序在系统中运行，使系统资源得到充分的利用，系统效率大大提高。

程序的并发执行是指若干个程序或程序段同时运行。它们的执行在时间上是重叠的，即同一程序或不同程序的程序段可以交叉执行。

程序的并发执行有以下特点：

（1）间断性。并发程序之间因竞争资源而相互制约，导致程序运行过程的间断。例如，在只有一个 CPU 的系统中，多个程序需要轮流占用 CPU 运行，未获得 CPU 使用权的程序就必须等待。

（2）没有封闭性。当多个程序共享系统资源时，一个程序的运行受其他程序的影响，其运行过程和结果不完全由自身决定。例如，一个程序计划在某一时刻执行一个操作，但很可能在那个时刻到来时它没有获得 CPU 的使用权，因而也就无法完成该操作。

（3）不可再现性。由于没有了封闭性，并发程序的执行结果与执行的时机以及执行的速度有关，结果往往不可再现。

可以看出，并发执行程序虽然可以提高系统的资源利用率和吞吐量，但程序的行为变得复杂和不确定。这使程序难以调试，若处理不当还会带来许多潜在问题。

3. 并发执行的潜在问题

程序在并发执行时会导致执行结果的不可再现性，这是多道程序系统必须解决的问题。我们用下面的例子来说明并发执行过程对运行结果的影响，从而了解产生问题的原因。

例 8.1：某学校使用程序控制来显示某门选修课还未选的空闲数（设允许选择也可以退选）。空闲数用一个计数器 D 记录。学生已选时执行程序 A，学生退选此门课时执行程序 B，它们都要更新同一个计数器 D。程序 A 和程序 B 的片段如下所示。

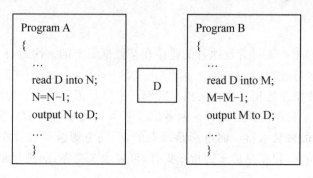

更新计数器 D 的操作对应的机器语言有 3 个步骤：读取内存 D 单元的数据到一个寄存器中，修改寄存器的数值，然后再将其写回 D 单元中。

由于学生选课的时间是随机的，程序 A 与程序 B 的运行时间也就是不确定的。当同时有学生选课和有学生退选同时发生时，将使两程序在系统中并发运行。它们各运行一次后 D 计数器的值应保持不变。但结果可能不是如此。

如果两个程序的运行时序按表 8.1 所示的顺序进行，即一个程序对 D 进行更新的操作是在另一个程序的更新操作全部完成之后才开始，则 D 被正确地更新了。如果两个程序的运行时序如表 8.2 所示穿插地进行，即当一个程序正在更新 D，更新操作还未完成时，CPU 发生了切换，另一个程序被调度运行，并且也对 D 进行更新。在这种情况下会导致错误的结果。

表 8.1   两个程序顺序访问 D，更新正确

时间	T0	T1	T2	T3	T4	T5
程序 A	D→N	N−1	N→D			
程序 B				D→M	M+1	M→D
D 的值	100	100	99	99	99	100

表 8.2   两个程序交叉访问 D，更新错误

时间	T0	T1	T2	T3	T4	T5
程序 A	D→N			N−1	N→D	
程序 B		D→M	M+1			M→D
D 的值	100	100	100	100	99	101

可以看出，导致 D 更新错误的原因是两个程序交叉地执行了更新 D 的操作。概括地说，当多个程序在访问共享资源时的操作是交叉执行时，则会发生对资源使用上的错误。

8.1.2   进程的概念

进程的概念最早出现在 20 世纪 60 年代中期，此时操作系统进入多道程序设计时代。多道程序并发显著地提高了系统的效率，但同时也使程序的执行过程变得复杂而不确定。为了更好地研究、描述和控制并发程序的执行过程，操作系统引入了进程的概念。进程概念对于理解操作系统的并发性有着极为重要的意义。

1. 进程

进程(process)是一个可并发执行的程序在某数据集上的一次运行。简单地说，进程就是程序的一次运行过程。

进程与程序的概念既相互关联又相互区别。程序是进程的一个组成部分，是进程的执行文本，而进程是程序的执行过程。两者的关系可以比喻为电影与胶片的关系：胶片是静态的，是电影的放映素材。而电影是动态的，一场电影就是胶片在放映机上的一次"运行"。对进程而言，程序是静态的指令集合，可以永久存在；而进程是个动态的过程实

体,动态地产生、发展和消失。

此外,进程与程序之间也不是一一对应的关系,表现在:

一个进程可以顺序执行多个程序,如同一场电影可以连续播放多部胶片一样。

一个程序可以对应多个进程,就像一本胶片可以放映多场电影一样。程序的每次运行就对应了一个不同的进程。更重要的是,一个程序还可以同时对应多个进程。比如系统中只有一个 vi 程序,但它可以被多个用户同时执行,编辑各自的文件。每个用户的编辑过程都是一个不同的进程。

2. 进程的特性

进程与程序的不同主要体现在进程有一些程序所没有的特性。要真正理解进程,首先应了解它的基本性质。进程具有以下几个基本特性:

(1) 动态性。进程由"创建"而产生,由"撤销"而消亡,因"调度"而运行,因"等待"而停顿。进程从创建到消失的全过程称为进程的生命周期。

(2) 并发性。在同一时间段内有多个进程在系统中活动。它们宏观上是在并发运行,而微观上是在交替运行。

(3) 独立性。进程是可以独立运行的基本单位,是操作系统分配资源和调度管理的基本对象。因此,每个进程都独立地拥有各种必要的资源,独立地占有 CPU 并独立地运行。

(4) 异步性。每个进程都独立地执行,各自按照不可预知的速度向前推进。进程之间的协调运行由操作系统负责。

3. 进程的基本状态

在多道系统中,进程的个数总是多于 CPU 的个数,因此它们需要轮流地占用 CPU。从宏观上看,所有进程同时都在向前推进,而在微观上,这些进程是在走走停停之间完成整个运行过程的。为了刻画一个进程在各个时期的动态行为特征,通常采用状态图模型。

程有 3 个基本的状态,即:

(1) 就绪态——进程已经分配到了除 CPU 之外的所有资源,这时的进程状态称为就绪状态。处于就绪态的进程,一旦获得 CPU 便可立即执行。系统中通常会有多个进程处于就绪态,它们排成一个就绪队列。

(2) 运行态——进程已经获得 CPU,正在运行,这时的进程状态称为运行态。在单 CPU 系统中,任何时刻只能有一个进程处于运行态。

(3) 等待态——进程因某种资源不能满足,或希望的某事件尚未发生而暂停执行时,则称它处于等待态。系统中常常会有多个进程处于等待态,它们按等待的事件分类,排成多个等待队列。

4. 进程状态的转换

进程诞生之初是处于就绪状态,在其随后的生存期间内不断地从一个状态转换到另一个状态,最后在运行状态结束。如图 8.1 所示是一个进程的状态转换图。

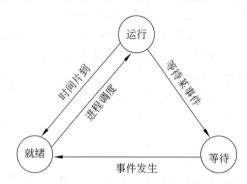

图 8.1   进程的状态转换图

引起状态转换的原因如下:

运行态→等待态。正在执行的进程因为等待某事件而无法执行下去,比如,进程申请某种资源,而该资源恰好被其他进程占用,则该进程将交出 CPU,进入等待状态。

等待态→就绪态。处于等待状态的进程,当其所申请的资源得到满足,则系统将资源分配给它,并将其状态变为就绪态。

运行态→就绪态。正在执行的进程的时间片用完了,或者有更高优先级的进程到来,系统会暂停该进程的运行,使其进入就绪态,然后调度其他进程运行。

就绪态→运行态。处于就绪状态的进程,当被进程调度程序选中后,即进入 CPU 运行。此时该进程的状态变为运行态。

8.1.3   进程控制块

进程由程序、数据和进程控制块 3 部分组成,其中程序是进程执行的可执行代码,数据是进程所处理的对象,进程控制块记录进程的所有信息。它们存在于内存,其内容会随着执行过程的进展而不断变化。在某个时刻的进程的内容被称为进程映像(process image)。

系统中每个进程都是唯一的,用一个进程控制块描述。即使两个进程执行的是同一程序,处理同一数据,它们的进程控制块也是不同的。因此可以说,进程控制块是进程的标志。

1. 进程控制块

进程控制块(Process Control Block,PCB)是系统为管理进程设置的一个数据结构,用于记录进程的相关信息。PCB 是系统感知和控制进程的一个数据实体。当创建一个进程时,系统为它生成 PCB;进程完成后,撤销它的 PCB。因此,PCB 是进程的代表,PCB 存在则进程就存在,PCB 消失则进程也就结束了。在进程的生存期中,系统通过 PCB 来了解进程的活动情况,对进程实施控制和调度。因此,PCB 是操作系统中的最重要数据结构之一。

2. 进程控制块的内容

PCB 记录了有关进程的系统所关心的所有信息，主要包括以下 4 方面的内容：

1）进程描述信息

进程描述信息用于记录一个进程的特征和基本情况，通过这些信息可以识别该进程，了解该进程的归属信息，以及确定这个进程与其他进程之间的关系。

系统为每个进程分配了一个唯一的整数作为进程标识号 PID，通过这个 PID 来标识这个进程。操作系统、用户以及其他进程都是通过 PID 来识别进程的。此外，还要描述进程的家族关系，即父进程（创建该进程的进程）和子进程（该进程创建的进程）的信息。

2）进程控制和调度信息

进程是系统运行调度的基本单位。进程控制块记录了进程的当前状态、调度信息、计时信息等。系统依据这些信息确定进程的状态，实施进程控制和调度。

3）资源信息

系统以进程为单位分配资源，并将资源信息记录在进程的 PCB 中。资源包括该进程使用的存储器空间、打开的文件以及设备等。通过这些信息，进程就可以得到运行需要的相关程序段与数据段、使用文件和设备等资源。

4）现场信息

现场信息一般包括 CPU 的内部寄存器和系统堆栈等，它们的值刻画了进程的运行状态。退出 CPU 的进程必须保存好这些现场状态，以便在下次被调度时继续运行。当一个进程被重新调度运行时，要用 PCB 中的现场信息来恢复 CPU 的运行现场。现场一旦切换，下一个指令周期 CPU 将精确地接着上次运行的断点处继续执行下去。

8.1.4　进程的组织

管理进程就是管理进程的 PCB。一个系统中通常可能拥有数百乃至上千个进程，为了有效地管理如此多的 PCB，系统需要采用适当的方式将它们组织在一起。所有的 PCB 都存放在内存中，通常采用的组织结构有数组、索引和链表 3 种方式。

数组方式是将所有的 PCB 顺序存放在一个一维数组中。这种方式比较简单，但操作起来效率低，比如，要查找某个 PCB 时需要扫描全表。

索引方式是通过在 PCB 数组上设置索引表或散列表，以加快访问速度。

链表方式是将 PCB 链接起来，构成链式队列或链表。例如，所有就绪的 PCB 链成一个就绪队列；所有等待的 PCB 按等待的事件链成多个等待队列。这样，在进程调度时只要扫描就绪队列即可，等待的事件发生时只要扫描相应的等待队列即可。当进程状态发生转换时，链式结构允许方便地向队列插入和删除一个 PCB。

实际的系统中通常会结合采用这些方法，以求达到最好的效率。

8.1.5　Linux 系统中的进程

在 Linux 系统中，进程也称为任务（task），两者的概念是一致的。

1. Linux 进程的状态

Linux 的进程共有 5 种基本状态,包括运行、就绪、睡眠(分为可中断的与不可中断的)、暂停和僵死。状态转换图如图 8.2 所示。

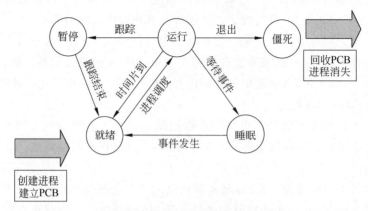

图 8.2　Linux 系统的进程状态转换图

Linux 将这些基本状态归结为 4 种并加以命名和定义,它们是:

(1) 可执行态(runnable)——可执行态实际包含了上述基本状态中的运行和就绪两种状态。处于可执行态的进程均已具备运行条件。它们或正在运行,或准备运行。

(2) 睡眠态(sleeping)——即等待态。进程在等待某个事件或某个资源。睡眠态又细分为可中断的(interruptible)和不可中断的(uninterruptible)两种。它们的区别在于,在睡眠过程中,不可中断状态的进程会忽略信号,而处于可中断状态的进程如果收到信号会被唤醒而进入可执行状态,待处理完信号后再次进入睡眠状态。

(3) 暂停态(stopped)——处于暂停态的进程一般都是由运行态转换而来,等待某种特殊处理。比如调试跟踪的程序,每执行到一个断点,就转入暂停态,等待新的输入信号。

(4) 僵死态(zombie)——进程运行结束或因某些原因被终止时,它将释放除 PCB 外的所有资源。这种占有 PCB 但已经无法运行的进程就处于僵死状态。

2. Linux 进程的状态转换过程

Linux 进程的状态转换过程是:新创建的进程处于可执行的就绪态,等待调度执行。

处于可执行态的进程在就绪态和运行态之间轮回。就绪态的进程一旦被调度程序选中,就进入运行状态。等时间片耗尽之后,退出 CPU,转入就绪状态等待下一次的调度。处于此轮回的进程在运行与就绪之间不断地高速切换,可谓瞬息万变。因此,对观察者(系统与用户)来说,将此轮回概括为一个相对稳定的可执行态才有意义。

运行态、睡眠态和就绪态形成一个回路。处于运行态的进程,有时需要等待某个事件或某种资源的发生,这时已无法占有 CPU 继续工作,于是它就退出 CPU,转入睡眠状态。当所等待的事件发生后,进程被唤醒,进入就绪状态。

运行态、暂停态和就绪态也构成一个回路。当处于运行态的进程接收到暂停执行信号时，它就放弃 CPU，进入暂停态。当暂停的进程获得恢复执行信号时，就转入就绪态。

处于运行态的进程调用退出函数 exit 之后，进入僵死态。当父进程对该进程进行相应的处理后，撤销其 PCB。此时，这个进程就完成了它的使命，从僵死走向彻底消失。

3. Linux 的进程控制块

Linux 系统的 PCB 用一个称为 task_struct 的结构体来描述。系统中每创建一个新的进程，就给它分配一个 task_struct 结构，并填入进程的控制信息。task_struct 主要包括以下内容：

（1）进程标识号（PID）——PID 是标识该进程的一个整数。系统通过这个标识号来唯一地标识一个进程。

（2）用户标识（UID）和组标识（GID）——描述进程的归属关系，即进程的属主和属组的标识号。系统通过这两个标识号判断进程对文件和设备的访问权限。

（3）链接信息——用指针的方式记录进程的父进程、兄弟进程以及子进程的位置（即 PCB 的地址）。系统通过链接信息确定进程的家族关系以及其在整个进程链中的位置。

（4）状态——进程当前的状态。

（5）调度信息——与系统调度相关的信息，包括优先级、时间片和调度策略。

（6）计时信息——包括时间和定时器。时间记录进程建立的时间以及进程占用 CPU 的时间统计，是进程调度、统计和监控的依据。定时器用于设定一个时间。时间到时，系统会发定时信号通知进程。

（7）通信信息——记录有关进程间信号量通信及信号通信的信息。

（8）退出码——记录进程运行结束后的退出状态，供父进程查询用。

（9）文件系统信息——包括根目录、当前目录、打开的文件以及文件创建掩码等信息。

（10）内存信息——记录进程的代码映像和堆栈的地址、长度等信息。

（11）进程现场信息——保存进程放弃 CPU 时所有 CPU 寄存器及堆栈的当前值。

4. 查看进程的信息

在 Linux 系统中，要查看进程的信息可使用 ps（process status）命令。该命令可查看记录在进程 PCB 中的几乎所有信息。常用参数及含义如表 8.3 所示。

表 8.3　ps 常用参数及含义

参　数	含　义	参　数	含　义
-e	显示所有进程	a	显示所有终端上的所有进程
-f	以全格式显示	u	以面向用户的格式显示
-r	只显示正在运行的进程	x	显示所有不控制终端的进程
-o	以用户定义的格式显示		

说明：

（1）默认只显示在本终端上运行的进程，除非指定了-e、a、x等选项。

（2）没有指定显示格式时，采用以下默认格式，分4列显示：

$$PID \quad TTY \quad TIME \quad CMD$$

各字段的含义如表8.4所示。

表8.4　ps默认格式

参　数	含　义
PID	进程标识号
TTY	进程对应的终端，?表示该进程不占用终端
TIME	进程累计使用的CPU时间
CMD	进程执行的命令名

（3）指定-f选项时，以全格式，分8列显示：

$$UID \quad PID \quad PPID \quad C \quad STIME \quad TTY \quad TIME \quad CMD$$

各字段的含义如表8.5所示。

表8.5　指定-f选项

参　数	含　义	参　数	含　义
UID	进程属主的用户名	C	进程最近使用的CPU时间
PPID	父进程的标识号	STIME	进程开始时间

其余同表8.4。

（4）指定u选项时，以用户格式，分11列显示：

USER PID %CPU %MEM VSZ RSS TTY STAT START TIME COMMAND

各字段的含义如表8.6所示。

表8.6　指定u选项

参　数	含　义
USER	同UID
%CPU	进程占用CPU的时间与进程总运行时间之比
%MEM	进程占用的内存与总内存之比
VSZ	进程虚拟内存的大小，以KB为单位
RSS	占用实际内存的大小，以KB为单位
STAT	进程当前状态，用字母表示。 　R　执行态； 　S　睡眠态； 　D　不可中断睡眠态； 　T　暂停态； 　Z　僵尸态
START	同STIME
COMMAND	同CMD

其余同上。

例 **8.2**：ps 命令用法示例。

（1）以默认格式显示本终端上的进程的信息。

```
[root@localhost ~]#ps
```

结果如图 8.3 所示。

（2）以全格式显示当前系统中所有进程
的信息。

```
[root@localhost ~]#ps -ef
```

结果如图 8.4 所示。

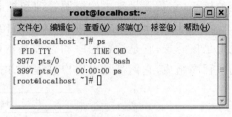

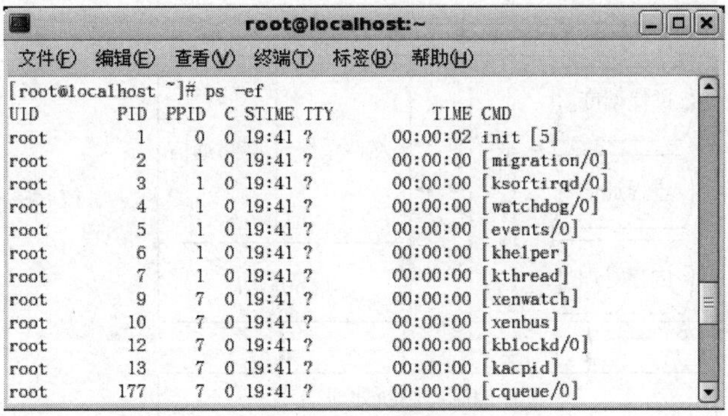

图 8.3 ps 显示

图 8.4 ps -ef 显示

（3）以用户格式显示当前系统中所有进程的信息。

```
[root@localhost ~]#ps aux
```

结果如图 8.5 所示。

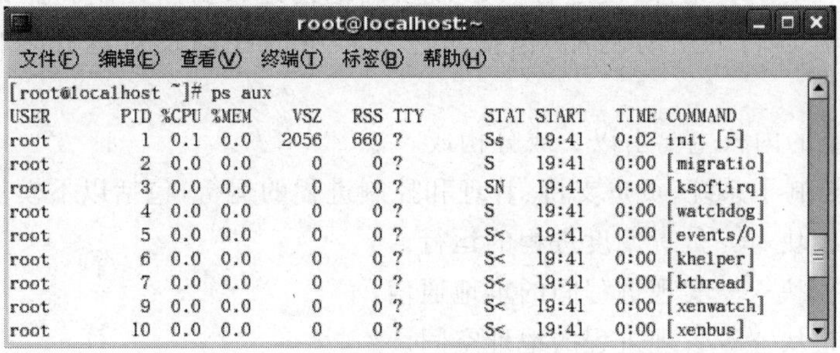

图 8.5 ps aux 显示

8.2 进程的运行模式

进程的运行紧密依赖于操作系统的内核。因此，理解进程的运行机制需要首先认识内核，了解内核的运行方式，进而了解进程在核心态与用户态下的不同执行模式。

8.2.1 操作系统内核

一个完整的操作系统由一个内核和一些系统服务程序构成。内核(kernel)是操作系统的核心,它负责最基本的资源管理和控制工作,为进程提供良好的运行环境。

图 8.6 是 Linux 系统的层次体系结构。系统分为 3 层:最底层是系统硬件;硬件层之上是核心层,它是运行程序和管理基本硬件的核心程序;用户层由系统的核外程序和用户程序组成,它们都是以用户进程的方式运行在核心之上。

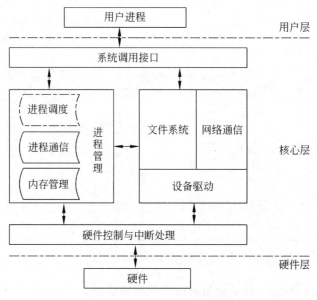

图 8.6 Linux 系统的内核结构

内核在系统引导时载入并常驻内存,形成对硬件的第一层包装。启动了内核的系统具备了执行进程的所有条件,使进程可以被正确地创建、运行、控制和撤销。为此,内核应具备支撑进程运行的所有功能,包括对进程本身的控制及对进程要使用的资源的管理。

Linux 系统的内核主要由以下成分构成。

(1) 进程控制子系统,负责支持、管理和控制进程的运行,包括以下模块:

进程调度模块——负责调度进程的运行。

进程通信模块——实现进程间的本地通信。

内存管理模块——管理进程的地址空间。

(2) 文件子系统,为进程提供 I/O 环境,包括以下模块和成分:

文件系统模块——管理文件和设备。

网络接口模块——实现进程间的网络通信。

设备驱动程序——驱动和控制设备的运行。

系统调用接口——提供进程与内核的接口,进程通过此接口调用内核的功能。

硬件控制接口——是内核与硬件的接口,负责控制硬件并响应和处理中断事件。

8.2.2 中断与系统调用

由图 8.6 可以看出,内核与外界的接口是来自用户层的系统调用和来自硬件层的中断,而系统调用本身也是一种特殊的中断。因此可以说内核是中断驱动的,它的主要作用就是提供系统调用和中断的处理。因此,了解内核的运行机制需要先了解中断和系统调用的概念。

1. 中断

在早期的计算机系统中,CPU 与各种设备是串行工作的。当需要设备传输数据时,CPU 向设备发出指令,启动设备执行数据传输操作。然后 CPU 不断地测试设备的状态,直到它完成操作。在设备工作期间,CPU 是处于原地踏步的循环中,这对 CPU 资源是极大的浪费。

中断技术的出现完全改变了计算机系统的操作模式。在现代系统中,CPU 与各种设备是并发工作的。在中断方式下,CPU 启动设备操作后,它不是空闲等待,而是继续执行程序。当设备完成 I/O 操作后,向 CPU 发出一种特定的中断信号,打断 CPU 的运行。CPU 响应中断后暂停正在执行的程序,转去执行专门的中断处理程序,然后再返回原来的程序继续执行。这个过程就是中断。

中断的概念是因实现 CPU 与设备并行操作而引入的。然而,这个概念后来被大大地扩大了。现在,系统中所有异步发生的事件都是通过中断机制来处理的,包括 I/O 设备中断、系统时钟中断、硬件故障中断、软件异常中断等。这些中断分为硬件中断和软件中断(也称为异常)两大类。每个中断都对应一个中断处理程序。中断发生后,CPU 通过中断处理入口转入相应的处理程序来处理中断事件。关于中断技术的更多介绍请参考见后面章节。

2. 系统调用

系统调用是系统内核提供的一组特殊的函数,用户进程通过系统调用来访问系统资源。与普通函数的不同之处在于,普通函数是由用户或函数库提供的程序代码,它们的运行会受到系统的限制,不能访问系统资源。系统调用是内核中的程序代码,它们具有访问系统资源的特权。当用户进程需要执行涉及系统资源的操作时,需要通过系统调用,让内核来完成。

系统调用是借助中断机制实现的,它是软中断的一种,称为"系统调用"中断。当进程执行到一个系统调用时,就会产生一个系统调用中断。CPU 将响应此中断,转入系统调用入口程序,然后调用内核中相应的系统调用处理函数,执行该系统调用对应的功能。关于系统调用的更多参见后面章节。

8.2.3 进程的运行模式

1. CPU 的执行模式

CPU 的基本功能就是执行指令。通常,CPU 指令集中的指令可以划分为两类:特权指令和非特权指令。特权指令是指具有特殊权限的指令,可以访问系统中所有寄存器和内存单元,修改系统的关键设置。比如清理内存、设置时钟、执行 I/O 操作等都是由特权指令完成的。而非特权指令是那些用于一般性的运算和处理的指令。这些指令只能访问用户程序自己的内存地址空间。

特权指令的权限高,如果使用不当则可能会破坏系统或其他用户的数据,甚至导致系统崩溃。为了安全起见,这类指令只允许操作系统的内核程序使用,而普通的应用程序只能使用那些没有危险的非特权指令。实现这种限制的方法是在 CPU 中设置一个代表运行模式的状态字,修改这个状态字就可以切换 CPU 的运行模式。

386 以上的 CPU 支持 4 种不同特权级别的运行模式,Linux 系统只用到了其中两个,即称为核心态的最高特权级模式(ring0)和称为用户态的最低特权级模式(ring3)。在核心态下,CPU 能不受限制地执行所有指令,从而表现出最高的特权。而在用户态下,CPU 只能执行一般指令,不能执行特权指令,因而也就没有特权。内核的程序运行在核心态下,而用户程序则只能运行在用户态下。从用户态转换为核心态的唯一途径是中断(包括系统调用)。一旦 CPU 响应了中断,则将 CPU 的状态切换到核心态,待中断处理结束返回时,再将 CPU 状态切回到用户态。

2. 进程的运行模式

进程在其运行期间常常被中断或系统调用打断,因此 CPU 也经常地在用户态与核心态之间切换。在进行通常的计算和处理时,进程运行在用户态;执行系统调用或中断处理程序时进入核心态,执行内核代码。调用返回后,回到用户态继续运行。图 8.7 描述了用户进程的运行模式切换。

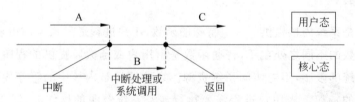

图 8.7 用户进程的运行模式切换

在 A 期间,进程运行在用户态,执行的是用户程序代码。运行到某一时刻时发生了中断,进程随即"陷入"核心态运行。在 B 期间,CPU 运行在核心态,执行的是内核程序代码。此时有两种情况:如果进程是被中断打断的,则 B 期间执行的是中断处理程序,它是随机插入的,与进程本身无关;如果进程是因调用了系统调用而陷入内核空间的,则 B 执行的是内核的系统调用程序代码,它是作为进程的一个执行环节,由内核代理用户进程继续执行的。在中断或系统调用返回后的 C 期间中,进程在用户态继续运行。

8.3 进程控制

进程控制是指对进程的生命周期进行有效的管理,实现进程的创建、撤销以及进程各状态之间的转换等控制功能。进程控制的目标是使多个进程能够平稳高效地并发执行,充分共享系统资源。

8.3.1 进程控制的功能

进程控制的功能是控制进程在整个生命周期中各种状态之间的转换(不包括就绪态与运行态之间的转换,它们是由进程调度来实现的)。为此,内核提供了几个原子性的操作函数,称为原语(primitive)。原语与普通函数的区别是它的各个指令的执行是不可分割的,要么全部完成,要么一个也不做,因而可以看作是一条广义的指令。用于进程控制的原语主要有创建、终止、阻塞和唤醒等。

1. 创建进程

创建原语的主要任务是根据创建者提供的有关参数(包括进程名、进程优先级、进程代码起始地址、资源清单等信息),建立进程的 PCB。具体的操作过程是:先申请一个空闲的 PCB 结构,调用资源分配程序为它分配所需的资源,将有关信息填入 PCB,状态置为就绪态,然后把它插入就绪(可执行)队列中。

2. 撤销进程

撤销原语用于在一个进程运行终止时,撤销这个进程并释放进程占用的资源。撤销的操作过程是:找到要被撤销的进程的 PCB,将它从所在队列中取出,释放进程所占用的资源,最后销去进程的 PCB。

3. 阻塞进程

阻塞原语用于完成从运行态到等待态的转换工作。当正在运行的进程需要等待某一事件而无法执行下去时,它就调用阻塞原语把自己转入等待状态。阻塞原语具体的操作过程是:首先中断 CPU 的执行,把 CPU 的当前状态保存在 PCB 的现场信息中;然后把被阻塞的进程置为等待状态,插入到相应的等待队列中;最后调用进程调度程序,从就绪(可执行)队列中选择一个进程投入运行。

4. 唤醒进程

唤醒原语用于完成等待态到就绪态的转换工作。当处于等待状态的进程所等待的事件出现时,内核会调用唤醒原语唤醒被阻塞的进程。操作过程是:在等待队列中找到该进程,置进程的当前状态为就绪态,然后将它从等待队列中撤出并插入到就绪(可执行）队列中。

8.3.2　Linux 系统的进程控制

在 Linux 系统中，进程控制的功能是由内核的进程控制子系统实现的，并以系统调用的形式提供给用户进程或其他系统进程使用。

1. 进程的创建与映像更换

系统启动时执行初始化程序，启动进程号为 1 的 init 进程运行。系统中所有的其他进程都是由 init 进程衍生而来的。除 init 进程外，每个进程都是由另一个进程创建的。新创建的进程称为子进程，创建子进程的进程称为父进程。

UNIX/Linux 系统建立新进程的方式与众不同。它不是一步构造出新的进程，而是采用先复制再变身的两个步骤，即先按照父进程创建一个子进程，然后再更换进程映像开始执行。

1）创建进程

创建一个进程的系统调用是 fork()。创建进程采用的方法是克隆，即用父进程复制一个子进程。做法是：先获得一个空闲的 PCB，为子进程分配一个 PID，然后将父进程的 PCB 中的代码及资源复制给子进程的 PCB，状态置为可执行态。建好 PCB 后将其链接入进程链表和可执行队列中。此后，子进程与父进程并发执行。父子进程执行的是同一个代码，使用的是同样的资源。它与父进程的区别仅仅在于 PID（进程号）、PPID（父进程号）和与子进程运行相关的属性（如状态、累计运行时间等），而这些是不能从父进程那里继承来的。

fork() 系统调用含义如表 8.7 所示。

表 8.7　fork() 系统调

参　数	含　　义
功能	创建一个新的子进程
调用格式	int fork();
返回值	0：向子进程返回的返回值，总为 0
	＞0：向父进程返回的返回值，它是子进程的 PID
	1：创建失败

说明：若 fork() 调用成功，则它向父进程返回子进程的 PID，并向新建的子进程返回 0。

图 8.8 描述了 fork() 系统调用的执行结果。

从图 8.8 中可以看出，当一个进程成功执行了 fork() 后，从该调用点之后分裂成了两个进程：一个是父进程，从 fork() 后的代码处继续运行；另一个是新创建的子进程，从 fork() 后的代码处开始运行。由 fork() 产生的进程分裂在结构上很像一把叉子，故得名 fork()。

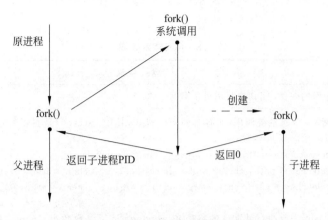

图 8.8　fork()系统调用的执行结果

与一般函数不同,fork()是"一次调用,两次返回",因为调用成功后,已经是两个进程了。由于子进程是从父进程那里复制的代码,因此父子进程执行的是同一个程序,它们在执行时的区别只在于得到的返回值不同。父进程得到的返回值是一个大于 0 的数,它是子进程的 PID;子进程得到的返回值为 0。

若程序中不考虑 fork()的返回值,则父子进程的行为就完全一样了。但创建一个子进程的目的是想让它做另一件事。所以,通常的做法是:在 fork()调用后,通过判断 fork()的返回值,分别为父进程和子进程设计不同的执行分支。这样,父子进程执行的虽是同一个代码,执行路线却分道扬镳。图 8.9 述了用 fork()创建子进程的常用流程。

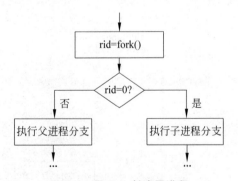

图 8.9　用 fork 创建子进程

2) 更换进程映像

进程映像是指进程所执行的程序代码及数据。fork()是将父进程的执行映像复制给子进程,因而子进程实际上是父进程的克隆体。但通常用户需要的是创建一个新的进程,它执行的是一个不同的程序。Linux 系统的做法是,先用 fork()克隆一个子进程,然后在子进程中调用 exec(),使其脱胎换骨,变换为一个全新的进程。

exec()系统调用的功能是根据参数指定的文件名找到程序文件,把它装入内存,覆盖原来进程的映像,从而形成一个不同于父进程的全新的子进程。除了进程映像被更换外,新子进程的 PID 及其他 PCB 属性均保持不变,实际上是一个新的进程"借壳"原来的子进程开始运行。

exec()系统调用含义如表 8.8 所示。

表 8.8　exec()系统调用

参　数	含　义
功能	改变进程的映像,使其执行另外的程序

调用格式	exec()是一系列系统调用,共有 6 种调用格式,其中 execve()是真正的系统调用,其余是对其包装后的 C 库函数:
	 int execve(char * path, char * argv[], char * envp[]);
	 int execl(char * path, char * arg0, char * arg1, ... char * argn, 0);
	 int execle(char * path, char * arg0, char * arg1, ... char * argn, 0, char * exvp[]);
	 ...
	 其中:path 为要执行的文件的路径名,argv[]为运行参数数组,envp[]为运行环境数组。arg0 为程序的名称,arg1~argn 为程序的运行参数,0 表示参数结束。例如:
	 execl("/bin/echo", "echo","hello!", 0);
	 execle("/bin/ls", "ls", "-l", "/bin", 0, NULL);
	 前者表示更换进程映像为/bin/echo 文件,执行的命令行是"echo hello!"。后者表示更换进程映像为/bin/ls 文件,执行的命令行是"ls -l /bin"

返回值	调用成功后,不返回,调用失败后,返回－1

与一般的函数不同,exec()是"一次调用,零次返回",因为调用成功后,进程的映像已经被替换,无处可以返回了。图 8.10 描述了用 exec()系统调用更换进程映像的流程。子进程开始运行后,立即调用 exec(),变身成功后即开始执行新的程序了。

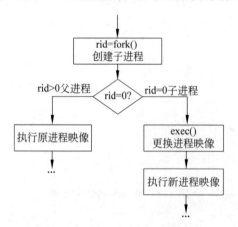

图 8.10　用 exec 更换子进程的映像

2. 进程的终止与等待

1) 进程的终止与退出状态

导致一个进程终止运行的方式有两种:一是程序中使用退出语句主动终止运行,我们称其为正常终止;另一种是被某个信号杀死(例如,在进程运行时按 Ctrl＋C 键终止其运行),称为非正常终止。

用 C 语言编程时,可以通过以下 4 种方式主动退出:

（1）调用 exit(status)函数来结束程序；

（2）在 main()函数中用 return status 语句结束；

（3）在 main()函数中用 return 语句结束；

（4）main()函数结束。

以上 4 种情况都会使进程正常终止，前 3 种为显式地终止程序的运行，后 1 种为隐式地终止。正常终止的进程可以返回给系统一个退出状态，即前 2 种语句中的 status。通常的约定是：0 表示正常状态；非 0 表示异常状态，不同取值表示异常的具体原因。例如对一个计算程序，可以约定退出状态为 0 表示计算成功，为 1 表示运算数有错，为 2 表示运算符有错，等等。如果程序结束时没有指定退出状态（如后两种退出），则它的退出状态是不确定的。

设置退出状态的作用是通知父进程有关此次运行的状况，以便父进程做相应的处理。因此，显式地结束程序并返回退出状态是一个好的 UNIX/Linux 编程习惯，这样的程序可以将自己的运行状况告之系统，因而能很好地与系统和其他程序合作。

2）终止进程进

进程无论以哪种方式结束，都会调用一个 exit()系统调用，通过这个系统调用终止自己的运行，并及时通知父进程回收本进程。exit()系统调用完成以下操作：释放进程除 PCB 外的几乎所有资源；向 PCB 写入进程退出状态和一些统计信息；置进程状态为"僵死态"；向父进程发送"子进程终止（SIGCHLD）"信号；调用进程调度程序切换 CPU 的运行进程。

exit()系统调用含义如表 8.9 所示。

表 8.9　exit()系统调用

参　数	含　义
功能	使进程主动终止
调用格式	void exit(int status);
返回值	status 是要传递给父进程的一个整数，用于向父进程通报进程运行的结果状态。status 的含义通常是：0 表示正常终止；非 0 表示运行有错，异常终止

3）等待与收集进程

在并发执行的环境中，父子进程的运行速度是无法确定的。但在许多情况下，我们希望父子进程的进展能够有某种同步关系。比如，父进程需要等待子进程的运行结果才能继续执行下一步计算，或父进程要负责子进程的回收工作，它必须在子进程结束后才能退出。这时就需要通过 wait()系统调用来阻塞父进程，等待子进程结束。

当父进程调用 wait()时，自己立即被阻塞，由 wait()检查是否有僵尸子进程。如果找到就收集它的信息，然后撤掉它的 PCB；否则就阻塞下去，等待子进程发来终止信号。父进程被信号唤醒后，执行 wait()，处理子进程的回收工作。经 wait()收集后，子进程才真正消失。

wait()系统调用含义如表 8.10 所示。

表 8.10　wait( )系统调用

参　数	含　义
功能	阻塞进程直到子进程结束；收集子进程
调用格式	int wait(int * statloc);
返回值	＞0：子进程的 PID
	−1：调用失败
	0：其他
	* statloc 保存了子进程的一些状态。如果是正常退出，则其末字节为 0，第 2 字节为退出状态；如果是非正常退出（即被某个信号所终止），则其末字节不为 0，末字节的低 7 位为导致进程终止的信号的信号值。若不关心子进程是如何终止的，可以用 NULL 作参数，即 wait(NULL)

图 8.11 描述了用 wait( )系统调用等待子进程的流程。

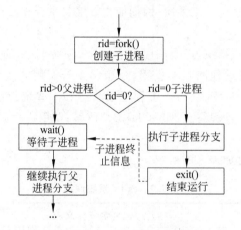

图 8.11　wait 实现进程的等待

3. 进程的阻塞与唤醒

运行中的进程，若需要等待一个特定事件的发生而不能继续运行下去时，则主动放弃 CPU。等待的事件可能是一段时间、从文件中读出的数据、来自键盘的输入、某个资源被释放或是某个硬件产生的事件等。进程通过调用内核函数来阻塞自己，将自己加入到一个等待队列中。阻塞操作的步骤是：建立一个等待队列的节点，填入本进程的信息，将它链入指定的等待队列中；将进程的状态置为睡眠态；调用进程调度函数选择其他进程运行，并将本进程从可执行队列中删除。

当等待的事件发生时，引发事件的相关程序会调用内核函数来唤醒等待队列中的满足等待条件的进程。例如，当磁盘数据到来后，文件系统要负责唤醒等待这批文件数据的进程。唤醒操作的处理是：将进程的状态改变为可执行态并加到可执行队列中。如果此进程的优先级高于当前正在运行的进程的优先级，则会触发进程调度函数重新进行进程调度。当该进程被调度执行时，它调用内核函数把自己从等待队列中删除。

另外，信号也可以唤醒处于可中断睡眠态的进程。被信号唤醒为伪唤醒，即唤醒不是因为等待的事件发生。被信号伪唤醒的进程在处理完信号后通常会再次睡眠。

8.3.3　shell 命令的执行过程

shell 程序的功能就是执行 shell 命令，执行命令的主要方式是创建一个子进程，让这个子进程来执行命令的映像文件。因此，shell 进程是所有在其下执行的命令的父进程。如图 8.12 所示是 shell 执行命令的大致过程，从中可以看到一个进程从诞生到消失的整个过程。

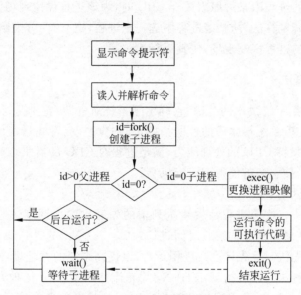

图 8.12　shell 命令的执行过程

shell 进程初始化完成后，在屏幕上显示命令提示符，等待命令行输入。接收到一个命令行后，shell 对其进行解析，确定要执行的命令及其选项和参数，以及命令的执行方式，然后创建一个子 shell 进程。

子进程诞生后立即更换进程映像为要执行的命令的映像文件，运行该命令直至结束。如果命令行后面没有带后台运行符"&"，则子进程在前台开始运行。此时，shell 阻塞自己，等待命令执行结束。如果命令行后面带有"&"符，则子进程在后台开始运行，同时 shell 也继续执行下去。它立即显示命令提示符，接受下一个命令。命令子进程执行结束后，向父进程 shell 进程发送信号，由 shell 对子进程进行回收处理。

8.4　进　程　调　度

在多任务系统中，进程调度是 CPU 管理的一项核心工作。根据调度模式的不同，多任务系统有两种类型，即非抢占式和抢占式。非抢占模式是由正在运行的进程自己主动放弃 CPU，这是早期多任务系统的调度模式。现代操作系统大多采用抢占式模式，即由调度程序决定什么时候停止一个进程的运行,切换其他进程运行。对于抢占式多任务系统来说,进程调度是系统设计中最为关键的一个环节。

8.4.1　进程调度的基本原理

1. 进程调度的功能

进程调度的功能是按照一定的策略把 CPU 分配给就绪进程,使它们轮流地使用 CPU 运行。进程调度实现了进程就绪态与运行态之间的转换。调度工作包括:

(1) 当正运行的进程因某种原因放弃 CPU 时,为该进程保留现场信息。

(2) 按一定的调度算法,从就绪进程中选一个进程,把 CPU 分配给它。

(3) 为被选中的进程恢复现场,使其运行。

2. 进程调度算法

进程调度算法是系统效率的关键,它确定了系统对资源,特别是对 CPU 资源的分配策略,因而直接决定着系统最本质的性能指标,如响应速度、吞吐量等。进程调度算法的目标首先是要充分发挥 CPU 的处理能力,满足进程对 CPU 的需求。此外还要尽量做到公平对待每个进程,使它们都能得到运行机会。

常用的调度算法有:

(1) 先进先出法。按照进程在就绪队列中的先后次序来调度。这是最简单的调度法,但缺点是对一些紧迫任务的响应时间过长。

(2) 短进程优先法。优先调度短进程运行,以提高系统的吞吐量,但对长进程不利。

(3) 时间片轮转法。进程按规定的时间片轮流使用 CPU。这种方法可满足分时系统对用户响应时间的要求,有很好的公平性。时间片长度的选择应适当,过短会引起频繁的进程调度,过长则对用户的响应较慢。

(4) 优先级调度法。为每个进程设置优先级,调度时优先选择优先级高的进程运行,使紧迫的任务可以优先得到处理。更为细致的调度法又将优先级分为静态优先级和动态优先级。静态优先级是预先指定的,动态优先级则随进程运行时间的长短而降低或升高。两种优先级组合调度,既可以保证对高优先级进程的响应,也不致过度忽略低优先级的进程。

实际应用中,经常是多种策略结合使用。如时间片轮转法中也可适当考虑优先级因素,对于紧急的进程可以分配一个长一些的时间片,或连续运行多个时间片等。

8.4.2　Linux 系统的进程调度

Linux 系统采用的调度算法简洁而高效。尤其是 2.5 版后的内核采用了新的调度算法,在高负载和多 CPU 并行系统中执行得极为出色。

1. 进程的调度信息

在 Linux 系统中,进程的 PCB 中记录了与进程调度相关的信息,主要有:

（1）调度策略（policy）——对进程的调度算法。决定了调度程序应如何调度该进程。Linux 系统将进程分为实时进程与普通（非实时）进程两类，分别采用不同的调度策略。实时进程是那些对响应时间要求很高的进程，如视频与音频应用、过程控制和数据采集等，系统优先响应它们对 CPU 的要求；对普通进程则采用优先级＋时间片轮转的调度策略，以兼顾系统的响应速度、公平性和整体效率。

（2）实时优先级（rt_priority）——实时进程的优先级，标志实时进程优先权的高低，取值范围为 1（最高）～99（最低）。

（3）静态优先级（static_prio）——进程的基本优先级。进程在创建之初被赋予了一个表示优先程度的"nice 数"，它决定了进程的静态优先级。静态优先级的取值范围为 100（最高）～139（最低），它是计算时间片的依据。

（4）动态优先级（prio）——普通进程的实际优先级。它是对静态优先级的调整，随进程的运行状况而变化，取值范围为 100（最高）～139（最低）。

（5）时间片（time_slice）——进程当前剩余的时间片。时间片的初始大小取决于进程的静态优先级，优先级越高则时间片越长。而后，随着进程的运行，时间片不断减少。时间片减为 0 的进程将不会被调度，直到它再次获得新的时间片。

进程的调度策略和优先级等是在进程创建时从父进程那里继承来的，不过用户可以通过系统调用改变它们。setpriority()和 nice()用于设置静态优先级；sched_setparam()用于设置实时优先级；sched_setscheduler()用于设置调度策略和参数。

2. 调度函数和队列

Linux 系统中用于实现进程调度的程序是内核函数 schedule()。该函数的功能是按照预定的策略在可执行进程中选择一个进程，切换 CPU 现场使之运行。

调度程序中最基本的数据结构是可执行队列 runqueue。每个 CPU 都有一个自己的可执行队列，它包含了所有等待该 CPU 的可执行进程。runqueue 结构中设有一个 curr 指针，指向正在使用 CPU 的进程。进程切换时，curr 指针也跟着变化。

旧版本的调度程序（2.4 版内核）在选择进程时需要遍历整个可执行队列，用的时间随进程数量的增加而增加，最坏时可能达到 $O(n)$ 复杂度级别。新内核（2.6 版内核）改进了调度的算法和数据结构，使算法的复杂度达到 $O(1)$ 级（最优级别），故称为 $O(1)$ 算法。

新内核的 runqueue 队列结构中实际包含了多个进程队列，它们将进程按优先级划分，相同优先级的链接在一起，成为一个优先级队列。所有优先级队列的头地址都记录在一个优先级数组中，按优先级顺序排列。实时进程的优先级队列在前（1～99），普通进程的优先级队列在后（100～139）。当进程调度选择进程时，只需在优先级数组中选择当前最高优先级队列中的第 1 个进程即可。无论进程的多少，这个操作总可以在固定的时间内完成，因而是 $O(1)$ 级别的。可执行队列的结构如图 8.13 所示。

影响调度算法效率的另一个操作是为进程重新计算时间片。旧算法中，当所有进程的时间片用完后，调度程序遍历可执行队列，逐个为它们重新赋予时间片，然后开始下一轮的执行。当进程数目很多时，这个过程会十分耗时。为克服这个弊端，新调度函数将每个优先级队列分为两个：活动队列和过期队列。活动队列包含了那些时间片未用完的

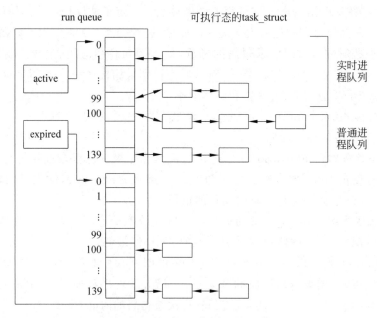

图 8.13　可执行队列的结构示意图

进程,过期队列包含了那些时间片用完的进程。相应地,在 runqueue 中设置了两个优先级数组:一个是活动数组 active,它记录了所有活动队列的指针;另一个是过期数组 expired,它记录了所有过期队列的指针。当一个进程进入可执行态时,它被按照优先级放入一个活动队列中;当进程的时间片耗完时,它会被赋予新的时间片并转移到相应的过期队列中。当所有活动队列都为空时,只需将 active 和 expired 数组的指针互换,过期队列就成为活动队列。这个操作也是 $O(1)$ 级别的。

可以看出,新调度的实现策略是用复杂的数据结构来换取算法的高效率的。

3. Linux 的进程调度策略

进程调度在选择进程时,首先在可执行队列中寻找优先级最高的进程。由于实时进程的优先级(1~99)总是高于普通进程(100~139),所以实时进程永远优先于普通进程。选中进程后,根据 PCB 中 policy 的值确定该进程的调度策略来进行调度。在 schedule() 函数中实现了 3 种调度策略,即先进先出法、时间片轮转法和普通调度法。

1) 先进先出法

先进先出(First In First Out,FIFO)调度算法用于实时进程,采用 FIFO 策略的实时进程就绪后,按照优先级 rt_priority 加入到相应的活动队列的队尾。调度程序按优先级依次调度各个进程运行,具有相同优先级的进程采用 FIFO 算法。投入运行的进程将一直运行,直到进入僵死态、睡眠态或者是被具有更高实时优先级的进程夺去 CPU。

FIFO 算法实现简单,但在一些特殊情况下有欠公平。比如,一个运行时间很短的进程排在了一个运行时间很长的进程之后,它可能要花费比运行时间长很多倍的时间来等待。

2) 时间片轮转法

时间片轮转(Round Robin,RR)算法也是用于实时进程,它的基本思想是给每个实时进程分配一个时间片,然后按照它们的优先级 rt_priority 加入到相应的活动队列中。调度程序按优先级依次调度,具有相同优先级的进程采用轮换法,每次运行一个时间片。时间片的长短取决于其静态优先级 static_prio。当一个进程的时间片用完,它就要让出CPU,重新计算时间片后加入到同一活动队列的队尾,等待下一次运行。RR 算法也采用了优先级策略。在进程的运行过程中,如果有更高优先级的实时进程就绪,则调度程序就会中止当前进程而去响应高优先级的进程。

相比 FIFO 来说,RR 算法在追求响应速度的同时还兼顾到公平性。

3) 普通调度法

普通调度法(Normal Scheduling,NORMAL)用于普通进程的调度。每个进程拥有一个静态优先级和一个动态优先级。动态优先级是基于静态优先级调整得到的实际优先级,它与进程的平均睡眠时间有关,进程睡眠的时间越长则其动态优先级越高。调整优先级的目的是为了提高对交互式进程的响应性。

NORMAL 算法与 RR 算法类似,都是采用优先级＋时间片轮转的调度方法。进程按其优先级 prio 被链入相应的活动队列中。调度程序按优先级顺序依次调度各个队列中的进程,每次运行一个时间片。一个进程的时间片用完后,内核重新计算它的动态优先级和时间片,然后将它加入到相应的过期队列中。与 RR 算法的不同之处在于,普通进程的时间用完后被转入过期队列中,它要等到所有活动队列中的进程都运行完后才会获得下一轮执行机会。而 RR 算法的进程始终在活动队列中,直到其执行完毕。这保证了实时进程不会被比它的优先级低的进程打断。可以看出,RR 算法注重优先级顺序,只在每级内采用轮转;而 NORMAL 算法注重的是轮转,在每轮中采用优先级顺序。

4. 进程调度的时机

当需要切换进程时,进程调度程序就会被调用。引发进程调度的时机有下面几种:

(1) 当前进程将转入睡眠态或僵死态。

(2) 一个更高优先级的进程加入到可执行队列中。

(3) 当前进程的时间片用完。

(4) 进程从核心态返回到用户态。

从本质上看,这些情况可以归结为两类时机:一是进程本身自动放弃 CPU 而引发的调度,这是上述第 1 种情况。这时的进程是主动退出 CPU,转入睡眠或僵死态;二是进程由核心态转入用户态时发生调度,包括上述后 3 种情况。这类调度发生最为频繁。当进程执行系统调用或中断处理后返回,都是由核心态转入用户态。时间片用完是由系统的时钟中断引起的中断处理过程,而新进程加入可执行队列也是由内核模块处理的,因此也都会在处理完后从内核态返回到用户态。

Linux 系统是抢占式多任务系统,上述情况除了第 1 种是进程主动调用调度程序放弃 CPU 的,其他情况下都是由系统强制进行重新调度的,这就是 CPU 抢占(preemption)。在必要时抢占 CPU 可以保证系统具有很好的响应性。为了标志何时需要重新进行进程调度,系统在进程的 PCB 中设置了一个 need_resched 标志位,为 1 时表示需要重新调度。当某个进程的时间片耗尽,或有高优先级进程加入到可执行队列中,或进程从系统调用或中断处理中返回前,都会设置这个标志。每当系统从核心态返回用户态时,内核都会检查 need_resched 标志,如果已被设置,内核将调用调度函数进行重新调度。

8.5 进程的互斥与同步

多个进程在同一系统中并发执行,共享系统资源,因此它们不是孤立存在的,而是会互相影响或互相合作。为保证进程不因竞争资源而导致错误的执行结果,需要通过某种手段实现相互制约。这种手段就是进程的互斥与同步。

8.5.1 进程之间的制约关系

并发进程彼此间会产生相互制约的关系。进程之间的制约关系有两种方式:一是进程的同步,即相关进程为协作完成同一任务而引起的直接制约关系;二是进程的互斥,即进程间因竞争系统资源而引起的间接制约关系。

1. 临界资源与临界区

临界资源(critical resource)是一次仅允许一个进程使用的资源。例如,共享的打印机就是一种临界资源。当一个进程在打印时,其他进程必须等待,否则会使各进程的输出混在一起。共享内存、缓冲区、共享的数据结构或文件等都属于临界资源。

临界区(critical region)是程序中访问临界资源的程序片段。划分临界区的目的是为了明确进程的互斥点。当进程运行在临界区之外时,不会引发竞争条件。而当进程运行在临界区内时,它正在访问临界资源,此时应阻止其他进程进入同一资源的临界区。

例 8.3:在前面章节中描述了一个选修课中选课计数器的例子。当 A、B 两个进程同时修改计数器 D 时就会发生更新错误,因此 D 是一个临界资源,而程序 A 和 B 中访问 D 的程序段就称为临界区,如图 8.14 所示。

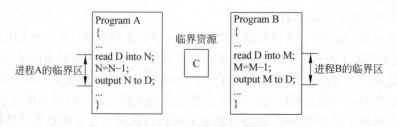

图 8.14　临界资源与临界区

2. 互斥与同步

因共享临界资源而发生错误,其原因在于多个进程访问该资源的操作穿插进行。要避免这种错误,关键是要用某种方式来阻止多个进程同时访问临界资源,这就是互斥。

进程的互斥(mutex)就是禁止多个进程同时进入各自的访问同一临界资源的临界区,以保证对临界资源的排它性使用。以未选课计数器为例,当进程 A 运行在它的(A的)临界区内时,进程 B 不能进入它的(B 的)临界区执行,进程 B 必须等待,直到 A 离开A 的临界区后,B 才可进入 B 的临界区运行。

进程的同步(synchronization)是指进程间为合作完成一个任务而互相等待、协调运行步调。例如,两个进程合作处理一批数据,进程 A 先对一部分数据进行某种预处理,然后通过缓冲区传给进程 B 做进一步的处理。这个过程要循环多次直至全部数据处理完毕。

访问缓冲区是一个典型的进程同步问题。缓冲区是两进程共享的临界资源,当一个进程存取缓冲区时,另一个进程是不能同时访问的。但两进程之间并不仅仅是简单的互斥关系,它们还要以正确的顺序来访问缓冲区,即必须 A 进程写缓冲区在前,B 进程读缓冲区在后,且读与写操作必须交替出现,不能出现连续多次地读或写操作。比如,当 A 进程写满缓冲区后,即使 B 进程因某种原因还没有占用缓冲区,A 也不能去占用缓冲区再次写数据,它必须等待 B 将缓冲区读空后才能再次写入。

可以看出,同步是一种更为复杂的互斥,而互斥是一种特殊的同步。广义地讲,互斥与同步实际上都是一种同步机制。

8.5.2　信号量与 P、V 操作

实现进程互斥与同步的手段有多种,其中,信号量是最早出现的进程同步机制。因其简洁有效,信号量被广泛地用来解决各种互斥与同步问题。

1. 信号量及其操作

信号量(semaphore)是一个整型变量 s,它为某个临界资源而设置,表示该资源的可用数目。s 大于 0 时表示有资源可用,s 的值就是资源的可用数;s 小于或等于 0 时表示资源已都被占用,s 的绝对值就是正在等待此资源的进程数。

信号量是一种特殊的变量,它仅能被两个标准的原语操作来访问和修改。这两个原语操作分别称为 P 操作和 V 操作。

P(s)操作定义为:

```
s=s-1; if (s<0) block(s);
```

V(s)操作定义为:

```
s=s+1; if (s<=0) wakeup(s);
```

P、V 操作是原语,也就是说其执行过程是原子的,不可分割的。P、V 操作中用到两个进程控制操作,其中,block(s)操作将进程变换为等待状态,放入等待 s 资源的队列中。wakeup(s)操作将 s 的等待队列中的进程唤醒,将其放入就绪队列。这两种操作后都会调用 schedule()函数,引发一次进程调度。

P(s)操作用于申请资源 s。P(s)操作使资源的可用数减 1。如果此时 s 是负数,表示资源不可用(即已被别的进程占用),则该进程等待。如果此时 s 是 0 或正数,表示资源可用,则该进程进入临界区运行,使用该资源。

V(s)操作用于释放资源 s。V(s)操作使资源的可用数加 1。如果此时 s 是负数或 0,表示有进程在等待此资源,则用信号唤醒等待的进程。如果此时 s 是正数,表示没有进程在等待此资源,则无须进行唤醒操作。

使用信号量与 P、V 操作可以正确实现进程间的各种互斥与同步。信号量的作用类似于人行道上的红绿灯:行人过街时先按下按钮(执行 P 操作),车行道上的红灯亮起,来往车辆见到信号即停止;行人过街后,按另一个按钮(执行 V 操作),使绿灯亮起,车辆放行。

2. 用 P、V 操作实现进程互斥

例 8.4:设进程 A 和进程 B 都要访问临界资源 C,为实现互斥访问,需要为临界资源 C 设置一个信号量 s,初值为 1。当进程运行到临界区开始处时,先要做 P(s)操作,申请资源 s。当进程运行到临界区结束处时,要做 V(s)操作,释放资源 s。进程 A 和进程 B 执行过程如图 8.15 所示。

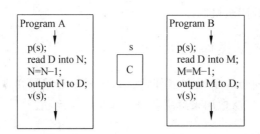

图 8.15　P、V 操作实现进程的互斥

由于 s 的初值是 1,当一个进程执行 P(s)进入临界区后,s 的值变为 0。此时若另一个进程执行到 P(s)操作时就会被挂起(s 的值变为 −1),从而阻止了其进入临界区执行。当一个进程退出其临界区时执行 V(s)操作,若此时 s=1 表示没有进程在等待此资源,若此时 s=0 表示有一个进程在等待此资源,系统将唤醒该进程,使之可以进入临界区运行。这样就保证了两个进程总是互斥地访问临界资源。

3. 用 P、V 操作实现进程同步

设两进程为协作完成某一项工作,需要共享一个缓冲区。先是一个进程 C 往缓冲区中写数据,然后另一个进程 D 从缓冲区中读取数据,如此循环直至处理完毕。缓冲区属于临界资源,为使这两个进程能够协调步调,串行地访问缓冲区,需用 P、V 操作来同步两进程。这种工作模式称为"生产者-消费者模式"。同步的方法介绍如下。

例 8.5:设置两个信号量:

"缓冲区满"信号量 s1,s1=1 时表示缓冲区已满,s1=0 时表示缓冲区未满。初值为 0。

"缓冲区空"信号量 s2,s2＝1 时表示缓冲区已空,s2＝0 时表示缓冲区未空。初值为1。

进程 C 和进程 D 执行过程如图 8.16 所示。

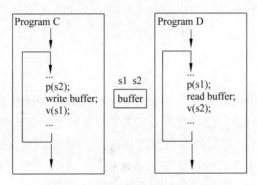

图 8.16 P、V 操作实现进程的同步

由于 s1 的初值是 0,s2 的初值是 1,最初进程 C 执行 P(s2)可以进入临界区,向缓冲区写入,而进程 D 在执行 P(s1)时就会被挂起,因此保证了先写后读的顺序。此后,两者的同步过程是:当 C 写满缓冲区后,执行 V(s1)操作,使 D 得以进入它的临界区进行读缓冲区操作。在 D 读缓冲区时,C 无法写下一批数据,因为再次执行 P(s2)时将阻止它进入临界区。当 D 读空缓冲区后,执行 V(s2)操作,使 C 得以进入它的临界区进行写缓冲区操作。在 C 写缓冲区时,D 无法读下一批数据,因为再次执行 P(s1)时将阻止它进入临界区。这样就保证了两个进程总是互相等待,串行访问缓冲区。访问的顺序只能是"写、读、写、读、……",而不会出现"读、写、读、写、……"或"读、读、写、……"、"写、写、读、……"之类的错误顺序。

8.5.3 Linux 的信号量机制

在 Linux 系统中存在两种信号量的实现机制:一种是针对系统的临界资源设置的,由内核使用的信号量;另一种是供用户进程使用的。

内核管理着整个系统的资源,其中许多系统资源都属于临界资源,包括核心的数据结构、文件、设备、缓冲区等。为防止对这些资源的竞争导致错误,在内核中为它们分别设立了信号量。内核将信号量定义为一种结构类型 semaphore,其中包含了 3 个数据域:该资源的可用数 count、等待该资源的进程数 sleepers 以及该资源的等待队列的地址 wait。内核同时还提供了操作这种类型的信号量的两个函数 down()和 up(),分别对应于 P 操作和 V 操作。当内核访问系统资源时,通过这两个函数进行互斥与同步。

用户进程在使用系统资源时是通过调用内核函数来实现的,这些内核函数的运行由内核信号量进行同步。因而,用户程序不必考虑有关针对系统资源的互斥与同步问题。但如果是用户自己定义的某种临界资源,如前面例子中的停车场计数器,则不能使用内核的信号量机制。这是因为内核的信号量机制只是在内核内部使用,并未向用户提供系统调用接口。

为了解决用户进程级上的互斥与同步问题,Linux 以进程通信的方式提供了一种信号量机制,它具有内核信号量所具有的一切特性。用于实现进程间信号量通信的系统调用有:semget(),用于创建信号量;semop(),用于操作信号量,如 P、V 操作等;semctl(),用于控制信号量,如初始化等。用户进程可以通过这几个系统调用对自定义临界资源的访问进行互斥与同步。

8.5.4 死锁问题

死锁(deadlock)是指系统中若干个进程相互"无知地"等待对方所占有的资源而无限地处于等待状态的一种僵持局面,其现象是若干个进程均停顿不前,且无法自行恢复。

死锁是并发进程因相互制约不当而造成的最严重的后果,是并发系统的潜在的隐患。一旦发生死锁,通常采取的措施是强制地撤销一个或几个进程,释放它们占用的资源。这些进程将前功尽弃,因而死锁是对系统资源极大的浪费。

死锁的根本原因是系统资源有限,而多个并发进程因竞争资源而相互制约。相互制约的进程需要彼此等待,在极端情况下,就可能出现死锁。图 8.17 所示是可能引发死锁的一种运行情况。

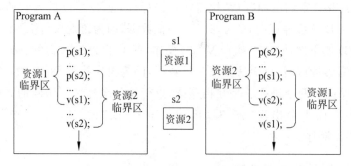

图 8.17　资源竞争导致潜在的死锁可能

A、B 两进程在运行过程中都要使用到两个临界资源,假设资源 1 为独占设备磁带机,资源 2 为独占设备打印机。若两个进程执行时在时间点上是错开的,则不会发生任何问题。但如果不巧在时序上出现这样一种情形:进程 A 在执行完 P(s1)操作后进入资源 1 的临界区运行,但还未执行到 P(s2)操作时发生了进程切换,进程 B 开始运行。进程 B 执行完 P(s2)操作后进入资源 2 的临界区运行,在运行到 P(s1)操作时将被挂起,转入等待态等待资源 1。当再度调度到进程 A 运行时,它运行到 P(s2)操作时也被挂起,等待资源 2。此时两个进程彼此需要对方的资源,却不放弃各自占有的资源,因而无限地被封锁,陷入死锁状态。

分析死锁的原因,可以归纳出产生死锁的 4 个必要条件,即:

(1) 资源的独占使用——资源由占有者独占,不允许其他进程同时使用。

(2) 资源的非抢占式分配——资源一旦分配就不能被剥夺,直到占用者使用完毕释放。

(3) 对资源的保持和请求——进程因请求资源而被阻塞时,对已经占有资源保持不放。

（4）对资源的循环等待——每个进程已占用一些资源，而又等待别的进程释放资源。

上例中，磁带机和打印机都是独占资源，不可同时共享，具备了条件 1；资源由进程保持，直到它用 V 操作主动释放资源，具备了条件 2；进程 A 在请求资源 2 被阻塞时，对资源 1 还未释放，进程 B 也是如此，具备了条件 3；两个进程在已占据一个资源时，又在相互等待对方的资源，这形成了条件 4。所有这些因素凑到一起就导致了死锁的发生。

解决死锁的方案就是破坏死锁产生的必要条件之一，方法有：

（1）预防——对资源的用法进行适当的限制。

（2）检测——在系统运行中随时检测死锁的条件，并设法避开。

（3）恢复——死锁发生时，设法以最小的代价退出死锁状态。

预防是指采取某种策略，改变资源的分配和控制方式，使死锁的条件无法产生。但这种做法会导致系统的资源也无法得到充分的利用。检测是指对资源使用情况进行监视，遇到有可能引发死锁的情况就采取措施避开。这种方法需要大量的系统开销，通常以降低系统的运行效率为代价。因此，一般系统都采取恢复的方法，就是在死锁发生后，检测死锁发生的位置和原因，用外力撤销一个或几个进程，或重新分配资源，使系统从死锁状态中恢复过来。

每个系统都潜在地存在死锁的可能，UNIX/Linux 系统也不例外。但是，出于对系统效率的考虑，UNIX/Linux 系统对待死锁采取的是“鸵鸟算法”，即系统并不去检测和解除死锁，而是忽略它。这是因为对付死锁的成本过高，而死锁发生的概率过低（大约连续开机半年才会出现一次）。如果采用死锁预防或者检测算法会严重降低系统的效率。

8.6　进程通信

进程间为实现相互制约和合作需要彼此传递信息。然而每个进程都只在自己独立的存储空间中运行，无法直接访问其他进程的空间。因此，当进程需要交换数据时，必须采用某种特定的手段，这就是进程通信。进程通信（Inter-Process Communication，IPC）是指进程间采用某种方式互相传递信息，少则是一个数值，多则是一大批字节数据。

为实现互斥与合作，进程使用信号量相互制约，这实际上就是一种进程通信，即进程利用对信号量的 P、V 操作，间接地传递资源使用状态的信息。更广泛地讲，进程通信是指在某些有关联的进程之间进行的信息传递或数据交换。这些具有通信能力的进程不再是孤立地运行，而是协同工作，共同实现更加复杂的并发处理。

8.6.1　进程通信的方式

进程间的通信有多种方式，大致可以分为信号量、信号、管道、消息和共享内存几类。

从通信的功能来分，进程通信方式可以分为低级通信和高级通信两类。低级通信只是传递少量的数据，用于通知对方某个事件；高级通信则可以用来在进程之间传递大量的信息。低级通信的方式有信号量和信号，高级通信的方式有消息、管道和共享内存等。

按通信的同步方式来分,进程通信又分为同步通信与异步通信两类。同步通信是指通信双方进程共同参与整个通信过程,步调协调地发送和接收数据。这就像是打电话,双方必须同时在线,同步地交谈。异步通信则不同,通信双方的联系比较松散,通信的发送方不必考虑对方的状态,发送完就继续运行;接收方也不关心发送方的状态,在自己适合的时候接收数据。异步通信方式就如同发送电子邮件,不必关心对方何时接收。管道和共享内存等都属于同步通信,而信号、消息则属于异步通信。

现代操作系统一般都提供了多种通信机制,以满足各种应用需要。利用这些机制,用户可以方便地进行并发程序设计,实现多进程之间的相互协调和合作。

Linux 系统支持以下几种 IPC 机制:

(1) 信号量(semaphore)。作为一种 IPC 机制,信号量用于传递进程对资源的占有状态信息,从而实现进程的同步与互斥。

(2) 信号(signal)。信号是进程间可互相发送的控制信息,一般只是几个字节的数据,用于通知进程有某个事件发生。信号属于低级进程通信,传递的信息量小,但它是 Linux 进程天生具有的一种通信能力,即每个进程都具有接收信号和处理信号的能力。系统通过一组预定义的信号来控制进程的活动,用户也可以定义自己的信号来通告进程某个约定事件的发生。

(3) 管道(pipe)。管道是连接两个进程的一个数据传输通路,一个进程向管道写数据,另一个进程从管道读数据,实现两进程之间同步传递字节流。管道的信息传输量大,速度快,内置同步机制,使用简单。

(4) 消息队列(message queue)。消息是结构化的数据,消息队列是由消息链接而成的链式队列。进程之间通过消息队列来传递消息,有写权限的进程可以向队列中添加消息,有读权限的进程则可以读走队列中的消息。与管道不同的是,这是一种异步的通信方式:消息的发送方把消息送入消息队列中,然后继续运行;接收进程在合适的时机去消息队列中读取自己的消息。相比信号来说,消息队列传递的信息量更大,能够传递格式化的数据。更主要的是,消息通信是异步的,适合于在异步运行的进程间交换信息。

(5) 共享内存(shared-memory)。共享内存通信方式就是在内存中开辟一段存储空间,将这个区域映射到多个进程的地址空间中,使得多个进程能够共享这个内存区域。通信双方直接读/写这个存储区即可达到数据共享的目的。由于进程访问共享内存区就如同访问进程自己的地址空间,因此访问速度最快,只要发送进程将数据写入共享内存,接收进程就可立即得到数据。共享内存的效率在所有 IPC 中是最高的,特别适用于传递大量的、实时的数据。但它没有内置的同步机制,需要配合使用信号量实现进程的同步。因此,较之管道,共享内存的使用较复杂。

本节将只介绍 Linux 的信号和管道这两种通信机制的概念与实现原理。对于 Linux 系统的使用者来说,了解这两种进程通信方式可以更好地理解系统的运行机制。而对于并发软件的开发者来说,还应该进一步地学习和掌握其他几种通信方式。

8.6.2　Linux 信号通信原理

信号是 UNIX 系统中最古老的 IPC 机制之一,主要用于在进程之间传递控制信号。

信号属于低级通信,任何一个进程都具有信号通信的能力。

1. 信号的概念

信号是一组正整数常量,进程之间通过传送信号来通信,通知进程发生了某事件。例如,当用户按下 Ctrl+C 键时,当前进程就会收到一个信号,通知它结束运行。子进程在结束时也会用信号通知父进程。

i386 平台的 Linux 系统共定义了 32 个信号(还有 32 个扩展信号),如图 8.18 所示。

```
[root@localhost ~]#kill -l
```

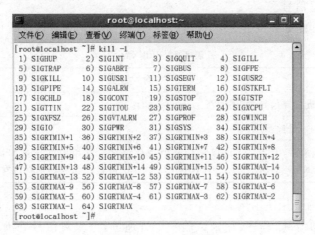

图 8.18 64 个信号量

常用的信号见表 8.11。

表 8.11 Linux 常用的信号定义

信号值	信号名	用　　途	默认处理
1	SIGHUP	终端挂断信号	终止处理
2	SIGINT	来自键盘(Ctrl+C)的终止信号	终止运行
3	SIGQUIT	来自键盘(Ctrl+\)的终止信号	终止运行并转储
8	SIGFPE	浮点异常信号,表示发生了致命的运算错误	终止运行并转储
9	SIGKILL	立即结束运行信号,杀死进程	终止运行
14	SIGALRM	时钟定时信息	终止运行
15	SIGTERM	结束运行信号,命令进程主动终止	终止运行
17	SIGCHLD	子进程结束信号	忽略
18	SIGCONT	恢复运行信号,使暂停的进程继续运行	断续运行
19	SIGSTOP	暂停执行信号,通常来调试程序	停止运行
20	SIGTSTP	来自键盘(Ctrl+Z)的暂停信号	停止运行

2. 信号的产生与发送

信号可以由某个进程发出，也可以由键盘中断产生，还可以由 kill 命令发出。进程在某些系统错误情况下也会有信号产生。

信号可以发给一个或多个进程。进程 PCB 中含有几个用于信号通信的域，用于记录进程收到的信号以及各信号的处理方法。发送信号就是把一个信号送到目标进程的 PCB 的信号域上。如果目标进程正在睡眠（可中断睡眠态），内核将唤醒它。

终端用户用 kill 命令或键盘组合按键向进程发送信号，程序则是直接使用 kill() 系统调用向进程发送信号。

kill 命令含义如表 8.12 所示。

表 8.12　kill 命令

参数	含　义
功能	向一个进程发信号，常用于终止进程的运行
调用格式	kill［选项］进程号
选项	-s 向进程发 s 信号。s 可以是信号值或信号名。常用的终止进程运行的信号为：15（SIGTERM）、2（SIGINT）、9（SIGKILL）。如没指定 -s 选项，则默认发信号 15

例 8.6：kill 命令用法示例。

编写一个简单 test1 程序，用来试验一个普通进行（未对信号处理作特殊设置的进程）对信号的默认反应。

（1）编写源文件，如图 8.19 所示。

```
[root@localhost ~]#cat  >>  test.c
#include< stdio.h>
main()
{ printf("test text!\n");
}
```

可以用 Ctrl＋C 键退出。

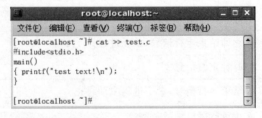

图 8.19　源 test.c

（2）编译生成可执行文件 test1，如图 8.20 所示。

```
[root@localhost ~]#gcc -o test1 test.c
[root@localhost ~]#ls
```

图 8.20 成可执行文件 test1

（3）运行 test1（前台后台），显示进程运行情况，如图 8.21 所示。

通过后台运行 ./test1&，shell 显示出该进程的 PID 是[1]或 25768。在用 ps 查看进程运行情况，显示有 3 个进程正在运行：bash、ps 和 test1（其中 test1 的 PID 用[1]显示）。

```
[root@ localhost ~]#./test1
[root@ localhost ~]#./test1&
ps
```

图 8.21 前台后台运行

（4）终止进程 test1 运行，如图 8.22 所示。

用 kill 终止 test1，并查看现有运行进程，此时 test1 已中止运行。

```
[root@ localhost ~]#kill 1
[root@ localhost ~]#ps
```

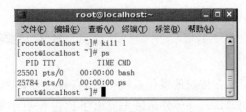

图 8.22 终止进程 test1 运行

（5）终止进程 bash 运行，如图 8.22 所示。

```
[root@ localhost ~]#kill -9 25501
```

此时，25501 号进程是本终端的 shell 进程，它忽略 SIGTERM 信号，用 SIGKILL 信号才可杀死，但这将导致终端窗口被关闭。因此，使用 kill -9 命令杀系统进程时应慎重。

3. 信号的检测与处理

当一个进程要进入或退出睡眠状态时，或即将从核心态返回用户态时，都要检查是否有信号到达。若有信号到达，则转去执行与该信号相对应的处理程序。

进程可以选择忽略或阻塞这些信号中的绝大部分，但有两个信号除外，这就是引起进程暂停执行的 SIGSTOP 信号和引起进程终止的 SIGKILL 信号。至于其他信号,进程可以选择处理它们的具体方式。对信号的处理方式分为以下 4 种:

(1) 忽略——收到的信号是一个可忽略的信号,不做任何处理;

(2) 阻塞——阻塞对信号的处理;

(3) 默认处理——调用内核的默认处理函数;

(4) 自行处理——执行进程自己的信号处理程序。

8.6.3　Linux 管道通信原理

管道是 Linux 系统中一种常用的 IPC 机制。管道可以看成是连接两个进程的一条通信信道。利用管道,一个进程的输出可以成为另一个进程的输入,因此可以在进程间快速传递大量字节流数据。

管道通信具有以下特点:

(1) 管道是单向的,数据只能向一个方向流动。需要双向通信时,需要建立起两个管道;

(2) 管道的容量是有限的(一个内存页面大小);

(3) 管道所传送的是无格式字节流,使用管道的双方必须事先约定好数据的格式。

管道是通过文件系统来实现的。Linux 将管道看作是一种特殊类型的文件,而实际上它是一个以虚拟文件的形式实现的高速缓冲区。管道文件建立后由两个进程共享,其中一个进程写管道,另一个进程读管道,从而实现信息的单向传递。读/写管道的进程之间的同步由系统负责。

终端用户在命令行中使用管道符"|"时,Shell 会为管道符前后的两个命令的进程建立起一个管道。前面的进程写管道,后面的进程读管道。用户程序中可以使用 pipe() 系统调用来建立管道,而读/写管道的操作与读/写文件的操作完全一样。

8.7　线　　程

在传统的操作系统中,一直将进程作为能独立运行的基本单位。20 世纪 80 年代中期,Microsoft 公司最先提出了比进程更小的基本运行单位——线程。线程的引入提高了系统并发执行的程度,因而得到广泛的应用。现代操作系统中大都支持线程,应用软件也普遍地采用了多线程设计,使系统和应用软件的性能进一步提高。

8.7.1　线程的概念

多道处理系统中,进程是系统调度和资源分配的基本单位,每一次切换进程,系统都要做保护和恢复现场的工作。因此,切换进程的过程要耗费相当多的系统资源和 CPU 时间。为了减少并发程序的切换时间,提高整个系统的并发效率,引入了线程的概念。

传统的进程中,每个进程中只存在一条控制线索。进程内的各个操作步是顺序执行的。现代操作系统提供了对单个进程中多条控制线索的支持。这些控制线索被称为线程(threads)。线程是构成进程的可独立运行的单元。一个进程由一个或多个线程构成,并以线程作为调度实体,占有 CPU 运行。线程可以看作是进程内的一个执行流,一个进程中的所有线程共享进程所拥有的资源,分别按照不同的路径执行。例如,一个 Word 进程中包含了多个线程,当一个线程处理编辑时,另一个线程可能正在做文件备份,还有一个线程正在发送邮件。网络下载软件通常也含有多个线程,每个线程负责一路下载,多路下载都在独立地、并发地向前推进。这些多线程的软件虽然只是一个进程,却表现出内在的并发执行的特征,效率明显提高。

8.7.2　线程和进程的区别

进程和线程都是用来描述程序的运行活动的。它们都是动态实体,有自己的状态,整个生命周期都在不同的状态之间转换。它们之间的不同表现在以下几个方面:

进程是操作系统资源分配的基本单位,每一个进程都有自己独立的地址空间和各种系统资源,如打开的文件、设备等;线程基本上不拥有自己的资源,只拥有一点在运行中必不可少的资源(如程序计数器、寄存器和栈)。它与同一进程中的其他线程共享该进程的资源。在创建和撤销进程时系统都要进行资源分配和回收工作,而创建和撤销线程的系统开销要小得多。

进程调度时,系统需要保存和切换整个 CPU 运行环境的现场信息,这要消耗一定的存储资源和 CPU 时间;线程共享进程的资源,线程调度是在进程内部切换,只需保存少量的寄存器,不涉及现场切换操作,所以切换速度很快。因此,对于切换频繁的工作,多线程设计方式比多进程设计方式可以提供更高的响应速度。

此外,由于多个线程共享同一进程的资源,因而线程之间相互通信更容易;而进程间通信一般必须要通过系统提供的进程间通信机制。

8.7.3　内核级线程与用户级线程

线程有"用户级线程"与"内核级线程"之分。所谓用户级线程,是指不需要内核支持而在用户程序中实现的线程,对线程的管理和调度完全由用户程序完成。内核级线程则是由内核支持的线程,由内核完成对线程的管理和调度工作。尽管这两种方案都可实现多线程运行,但它们在性能等方面相差很大,可以说各有优缺点。

在调度方面,用户级线程的切换速度比核心级线程要快得多。但如果有一个用户线程被阻塞,则核心将整个进程置为等待态,使该进程的其他线程也失去运行的机会。核心级线程则没有这样的问题,即当一个线程被阻塞时,其他线程仍可被调度运行。

在实现方面,要支持内核级线程,操作系统内核需要设置描述线程的数据结构,提供独立的线程管理方案和专门的线程调度程序,这些都增加了内核的复杂性。而用户线程不需要额外的内核开销,内核的实现相对简单得多,同时还节省了系统进行线程管理的时间开销。

8.7.4 Linux 中的线程

Linux 实现线程的机制属于用户级线程。从内核的角度来说,并没有线程这个概念。Linux 内核把线程当作进程来对待。内核没有特别定义的数据结构来表达线程,也没有特别的调度算法来调度线程。每个线程都用一个 PCB(task_struct)来描述。所以,在内核看来,线程就像普通的进程一样,只不过是该进程和其他一些进程共享地址空间等资源。Linux 称这样的不独立拥有的进程为"轻量级进程"(Light Weight Process,LWP)。以轻量级进程的方式来实现线程,既省去了内核级线程的复杂性,又避免了用户级线程的阻塞问题。

在 Linux 中实现多线程应用的策略是:为每个线程创建一个 LWP 进程,线程的调度由内核(进程高度程序)完成,线程的管理在核外函数库中实现。开发多线程应用的函数库是 pthread 线程库,它提供了一组完备的函数来实现线程的创建、终止和同步等操作。

创建 LWP 进程的方式与创建普通进程类似,只不过是秀 clone()系统调用来完成的。与 fork()的区别是,clone()允许在调用进多传递一些参数标志来指明需要共享的资源。父进程用创建 LWP 子进程的共享资源。一个进程的所有线程构成一上线程组,其中第一个创建的线程是领头线程,领头线程的 PID 就作为该线程组的组标识号 TGID。线程组中的成员具有紧密的关系,它们工作在同一应用数据集上,相互协作,独立完成各自的任务。由于具有进程的属性,每个线程都是被独立地高度的,一个线程阻塞不会影响其他线程,由于具有轻量级的属性,线程之间的切换速度很快,使得整个应用能顺利地并发执行。

例 8.7:启动 firefox 浏览器,查看它的线程组。

```
[root@localhost ~]#ps -eLf | grep firefox
```

运行结果如图 8.23 所示。

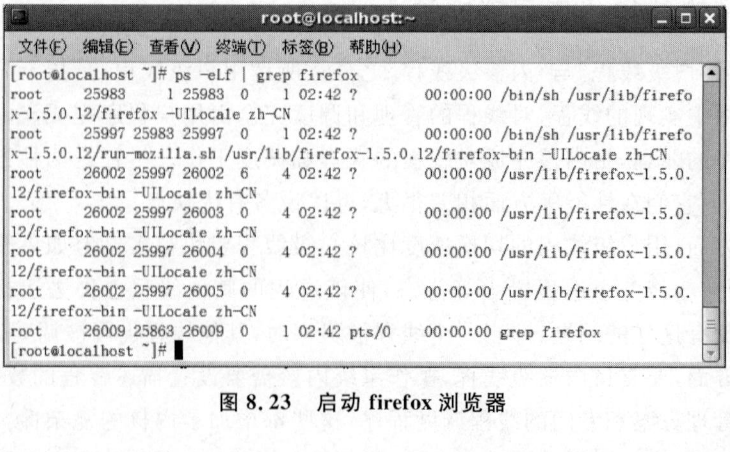

图 8.23 启动 firefox 浏览器

输出的第 2、3、4 列分别是 TGID、PPID 和 PID。结果显示:25983 号进程创建了一个 25997 线程,25997 又创建了 26002、26003、26004 等十几个线程,其中 26004 号线程是

领头线程,它的标识号 26002 就是成 firefox 线程组的标识号。它们执行的程序都是
firefox。

8.8　习　　题

1. 什么是进程? 为什么要引入进程概念?
2. 进程的基本特征是什么? 它与程序的主要区别是什么?
3. 简述进程的基本状态以及进程状态的转换。
4. 进程控制块的作用是什么? 它通常包括哪些内容?
5. 进程控制的功能是什么? Linux 创建进程的方式有何特点?
6. 进程调度的功能是什么? Linux 采用了哪些进程调度策略?
7. Linux 的进程调度发生在什么情况下?
8. 并发进程间的制约有哪几种? 引起制约的原因是什么?
9. 什么是临界资源和临界区? 什么是进程的互斥和同步?
10. 什么是死锁? 产生死锁的原因和必要条件是什么?
11. 进程间有哪些通信方式? 它们各有什么特点?
12. 什么是线程? 说明线程与进程的区别与联系。

第9章

chapter 9

存 储 管 理

程序在运行前必须先调入内存存放。对于多道程序并发的系统来说,内存中同时要容纳多个程序,然后,计算机的内存资源是有限的,这就需要通过合理的管理机制来满足各进程对内存的需求。存储管理的任务是合理地管理系统的内存资源,使多个进程能够在有限的物理存储空间共存,安全并高效地运行。

9.1 存储管理概述

操作系统中用于管理内存空间的模块称为内存管理模块,它负责内存的全部管理工作,具体地说就是要完成4个功能,即存储空间的分配、存储地址的变换、存储空间的保护以及存储空间的扩充。

9.1.1 内存的分配与回收

内存分配是为进入系统准备运行的程序分配内存空间,内存回收是当程序运行结束后回收其所占用的内存空间。为实现此功能,系统须跟踪并记录所有内存空间的使用情况,按照一定的算法为进程分配和回收内存空间。

存储分配方案主要包括以下要素:

(1) 描述存储分配的数据结构。系统需采用某种数据结构(表格、链表或队列等)来登记当前内存使用情况以及空闲区的分布情况,供存储分配程序使用。在每次分配或回收操作后,系统都要相应地修改这些数据结构以反映这次分配或回收的结果。

(2) 实施分配的策略。确定内存分配和回收的算法。好的算法应既能满足进程的运行要求,又能充分利用内存空间。

分配策略及相关数据结构的设计直接决定存储空间的利用率以及存储分配的效率,因而对系统的整体性能有很大的影响。

9.1.2 地址变换

由于用户在编写程序时无法预先确定程序在内存中的具体位置,所以只能采用逻辑地址进行编程。而当程序进入内存后,必须把程序中的逻辑地址转换为程序所在的实际内存地址。这一转换过程称为存储空间的地址变换,或称为地址映射。地址变换是由内存管理模块与硬件的地址变换机构共同完成的。

1. 地址的概念

1) 符号地址

在用高级语言编写的源程序中,我们使用符号名(变量名、函数名、语句标号等)来表示操作对象或控制的转移地址。比如用变量名代表一个存储单元、用函数名代表函数的入口地址、用语句标号代表跳转地址等。这些符号名的集合称为符号名空间。因此,高级语言程序使用的地址空间是符号名空间,编程者不需考虑程序代码和数据的具体存放地址。

例 9.1:如下所示的是一个 C 源程序的片段:

```
main()
    { int i=1;
     ...
     i++;
     ...
    }
```

此源程序中没有具体地址,只有符号名。这里 main 代表的是程序的入口地址,i 代表的是一个数据的存放地址。

2) 逻辑地址

编译程序将源代码中的语句逐条翻译为机器指令,为每个变量分配存储单元,并用存储单元的地址替换变量名。这些指令和数据顺序存放在一起,从 0 开始编排地址,形成目标代码。目标代码所占有的地址范围称为逻辑地址空间,范围是 $0 \sim n-1$, n 为目标代码的长度。逻辑地址空间中的地址称为逻辑地址,或称为相对地址。在访问内存的指令中用逻辑地址来指定一个操作数的地址,在跳转指令中用逻辑地址来表示要跳转到的那条指令的地址。

例 9.2:对例 9.1 中的源程序进行编译,生成的目标代码的反汇编结果如下:

```
00000000:  ...
...
0000004B:  LDS    R24,0x0060    ;从 0060 地址取数据,加载到 R24 寄存器
0000004D:  ADIW   R24,0x01      ;R24 寄存器内容加 1
0000004E:  STS    0x0060,R24    ;将 R24 寄存器内容写回 0060 地址
...
00000060:  0x0001               ;i 变量的存储单元
...
```

左侧列出的是指令和数据的逻辑地址,从 0 地址开始顺序排列。i 变量被分配到逻辑地址 0060 处,i++语句被译为 LDS、ADIW 和 STS 这 3 条指令,它们排在逻辑地址 004B、004D 和 004E 处。在目标代码的指令中已看不到符号名了,而代之以具体的地址

值。如 LDS 和 STS 指令的操作数地址是 0060,表示要到这个地址(也就是 i 变量)读/写数据。

3)物理地址

物理内存由一系列的内存单元组成,这些存储单元从 0 开始按字节编址,称为内存地址。当目标程序加载到内存中时,它所占据的实际内存空间就是它的物理存储空间,物理空间中的地址称为物理地址,或称为绝对地址。

每次程序加载时所获得的实际地址空间取决于系统当时的运行状态,因而是不确定的。但物理地址空间不会是从 0 开始的,因为系统内存的低端地址通常被操作系统占用。由此可看出,程序的逻辑地址空间与物理地址空间是不同的。由于编译程序无法预知程序执行时的实际内存地址,所以目标程序中的地址都是从 0 开始的逻辑地址,而实际地址只有在程序加载时才能得知。

假设上面例子的程序加载到内存,它分配到的内存地址空间是从 1024(即十六进制的 0x0400)开始的,则程序中各条指令和变量的地址是原来的相对地址加上 1024 这个基址。因此程序在内存的起始地址为 0x0400,LDS、ADIW 和 STS 3 条指令的绝对地址分别为 0x044B、0x044D 和 0x044E,i 变量的绝对地址为 0x0460。

如图 9.1 所示是关于内存地址的示意图。仍以前面的程序为例,源程序中的 i 变量是用符号名 i 标识的一个存储单元,它没有具体的地址值。i++ 语句的操作就是对这个存储单元进行的操作。编译时,编译程序为 i 分配了具体的存储单元,并用该单元的编号地址 96(0x0060)替换掉所有 i 符号名。程序在加载时获得实际的内存空间。如果得到的内存空间的起始地址是 1024,则程序中的相对地址 96 单元就是实际内存的 1120(0x0460)单元。

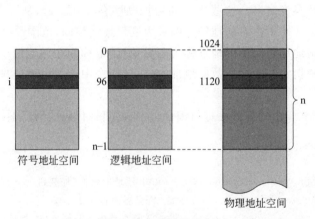

图 9.1 内存地址概念

2. 地址变换

用户编程时只能使用逻辑地址,而 CPU 执行指令时必须指定物理地址,因此必须在指令执行前进行地址变换,将指令中的逻辑地址转换为 CPU 可直接寻址的物理地址,这样才能保证 CPU 访问到正确的存储单元。

假设上面的例子程序加载到内存,它分配到的内存地址空间是从 1024 开始的,则程序中各条指令和变量的地址都是原来的相对地址加上 1024。为了适应这个变化,指令中引用的操作数地址也应进行相应的调整。下面所示是经过地址变换后的目标代码,粗体部分为变换后的操作数的绝对地址。

```
00000400:  …
…
0000044B:  LDS    R24,0x0460    ;从 0460 地址取数据,加载到 R24 寄存器
0000044D:  ADIW   R24,0x01      ;R24 寄存器内容加 1
0000044E:  STS    0x0460,R24    ;将 R24 寄存器内容写回 0460 地址
…
00000460:  0x0001               ;i 变量的存储单元
…
```

9.1.3　内存的保护

内存保护的含义是要确保每个进程都在自己的地址空间中运行,互不干扰,尤其是不允许用户进程访问操作系统的存储区域。对于允许多个进程共享的内存区域,每个进程也只能按自己的权限(只读或读/写)进行访问,不允许超越权限进行访问。

许多程序错误都会导致地址越界,比如使用了未赋值的"野"指针或空指针等。还有一些程序代码则属于恶意的破坏。存储保护的目的是为了防止因为各种原因导致的程序越界和越权行为。为此,系统必须设置内存保护机制,对每条指令所访问的地址进行检查。一旦发现非法的内存访问就会中断程序的运行,由操作系统进行干预。现代操作系统都具有良好的存储保护功能,因此程序错误通常只会导致程序的异常结束,而不会造成系统的崩溃。

常用的存储保护措施有:

(1) 界限保护——在 CPU 中设置界限寄存器,限制进程的活动空间。

(2) 保护键——为共享内存区设置一个读/写保护键,在 CPU 中设置保护键开关,它表示进程的读/写权限。只有进程的开关代码和内存区的保护键匹配时方可进行访问。

(3) 保护模式——将 CPU 的工作模式分为用户态与核心态。核心态下的进程可以访问整个内存地址空间,而用户态下的进程只能访问在界限寄存器所规定范围内的空间。

9.1.4　内存的扩充

尽管内存容量不断提高,但相比应用规模的增长来说,内存总是不够的。因此,内存扩充始终是存储管理的一个重要功能。

"扩充"存储器空间的基本思想是借用外存空间来扩展内存空间,方法是让程序的部分代码进入内存,其余驻留在外存,在需要时再调入内存。主要的实现方法有以下 3 种。

1. 覆盖技术

覆盖(overlay)技术的原理是将一个程序划分为几个模块。程序的必要模块(主控或常用功能)常驻内存,其余模块共享一个或几个存储空间。它们平时驻留在外存中,在需要时才装入内存,覆盖掉某个暂时不用的模块。

覆盖技术的缺点是必须在编程时对程序进行模块划分,并确定程序模块之间的覆盖关系。这无疑增加了编程的复杂度。

2. 交换技术

在多个程序并发执行时,往往有一些程序因等待某事件而暂时不能运行。如果将暂时不能执行的程序换到外存中,就可以获得空闲内存空间来运行别的程序。这就是交换(swapping)技术的思想。与覆盖技术不同的是,交换是以进程为单位进行的。

交换技术的优点是增加了可并发运行的程序数目,且对用户的程序结构没有要求。其缺点是对整个进程进行的换入、换出操作往往需要花费大量的 CPU 时间。

3. 虚拟存储器

以上两种存储扩充技术都不能称为虚拟存储技术,因为在用户(编程者)眼里看到的还是实际大小的内存。虚拟存储(virtual memory)的原理是只将程序的部分代码调入内存,其余驻留在外存空间中,在需要时调入内存。程序代码的换入和换出完全由系统动态地完成,用户察觉不到。因此,用户看到的是一个比实际内存大得多的"虚拟内存"。

虚拟存储技术的特点是方便用户编程,存储扩充的性能也是最好的。关于虚拟存储器请参考后面章节。

9.2　存储管理方案

随着操作系统的发展,内存管理技术也在不断地发展着。本节将简要介绍各种存储管理方案的技术和特点。

9.2.1　分区存储管理

多道程序系统的出现要求内存中能同时容纳多个程序,分区管理方案因而诞生。分区分配是多道程序系统最早使用的一种管理方式,其思想是将内存划分为若干个分区,操作系统占用其中一个分区,其他分区由用户程序使用,每个分区容纳一个用户程序。

1. 分区分配策略

最初的分区划分方法是固定分区,即系统把内存静态地划分为若干个固定大小的分区。当一个进程被建立时,系统按其程序的大小为其分配一个足够大的分区。由于分区大小是预先划分好的,通常会大于程序的实际尺寸,因此分区内余下的空闲空间就被浪费掉了。如图 9.2(a)所示为固定分区的内存分配方式。

对固定分区分配策略进行改进就产生了可变分区分配。它的思想是：在程序调入内存时，按其实际大小动态地划分分区。这种量体裁衣的分配方式避免了分区内空间的浪费——设最初进入内存的是进程 1(64KB)、进程 2(160KB)和进程 3(224 KB)，系统为它们分配了合适的空间，如图 9.2(b)所示。

分区分配的主要问题是存储"碎片"。碎片(fragment)是无法被利用的空闲存储空间。固定分区存在"内部碎片"问题，即遍布在各个分区内的零碎剩余空间。可变分区存在"外部碎片"问题，即随着进程不断地进入和退出系统，一段时间后，内存中的空闲分区会变得支离破碎，这些碎片空间的总和可能足够大，但因为不连续，所以不能被利用。图 9.2(c)描述了外部碎片的产生过程。

例 9.3：在前面 3 个进程运行一段时间后，进程 2 运行结束退出，进程 4 进入内存，它的大小是 64KB；又一段时间后，进程 1 运行结束退出，进程 5 进入内存，它的大小是 54KB。当一个新的 300KB 的进程 6 想要进入系统运行时，内存中的空闲空间的总数虽然足够，但因为是碎片，所以系统暂时无法接纳这个作业。

解决外部碎片问题的一个有效方法是存储紧缩技术。存储紧缩(compaction)的思想是采用动态地址变换，使程序在内存中可以移动。当内存出现碎片现象时，系统将暂停所有进程的运行，将各个进程的分区向内存一端移动，从而将碎片合并成一个连续的存储空间。紧缩完成后，程序继续运行。例如，图 9.2(c)紧缩后的结果如图 9.2(d)所示。这种采用可变分区+存储紧缩技术的存储管理方案称为可重定向分区管理，在早期的操作系统中曾普遍应用。

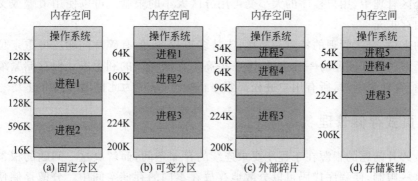

图 9.2 分区分配及存储变化图

2. 动态地址变换过程

简单分区采用静态地址变换方式，程序装入内存后就不能再移动了。因为程序移动后，指令和数据的存放地址变了，而指令中的操作数地址却没有相对地变化，导致指令不能正确地寻址。为了使程序在内存中可以移动，就必须采用动态地址变换。可重定位分区的动态地址变换过程如图 9.3 所示。

CPU 中设置了一对表示程序存储空间界限的寄存器，长度寄存器中存放的是程序的长度，基址寄存器中存放的是程序所占内存空间的起始地址。每个进程的 PCB 中都有一

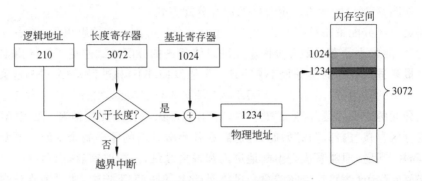

图 9.3　可重定位分区的地址变换过程

对相应的寄存器值,当进程得到 CPU 准备运行时,现场恢复操作会将这两个值装入寄存器中。当 CPU 取到一条指令时,硬件地址变换机构将逻辑地址与基址寄存器内容相加就可得到实际内存地址。

每次存储紧缩完成后,系统根据程序的新位置更新各个进程的基址值。这样,当程序重新运行时,CPU 将按新的基址来做地址转换,程序的运行不会受到任何影响。

3．分区的保护与扩充

进程只能在自己的分区内活动。存储保护的方式是上下界地址保护,即进程运行时,它的空间上下界地址被加载到 CPU 的界限(或基址/长度)寄存器中。如果进程试图访问超越分区上下界的地址,则会引起地址越界中断,使进程结束。

在分区管理中,用户程序的大小受可用分区大小的限制。可以使用覆盖或交换技术来实现内存扩充。

总的来说,分区管理的特点是简单、支持多道程序,但有碎片问题。可重定位分区管理提供了解决碎片问题的一种途径,因而提高了存储空间的利用率。但存储紧缩比较耗时,在进行存储紧缩时,所有用户进程都要停止运行,系统为此付出的代价过大。

9.2.2　页式存储管理

产生碎片问题的根源在于程序要求连续的存储空间,而解决这一问题的根本措施就是突破这一限制,使程序代码可以分散地存放在不同的存储空间中。分散存储使得内存中每一个空闲的区域都可以被程序利用,这就是页式存储分配的基本思想。

1．分页的概念

分页(paging)的概念是：将程序的逻辑地址空间分成若干大小相等的片段,称为页面(page),用 0、1、2、……序号表示；同时,把内存空间也按同样大小分为若干区域,称为块,或页帧(page frame),也用 0、1、2、……序号表示。

经过分页后,程序的逻辑地址可看成由两部分组成,即页号＋页内位移。对 x86 体系结构来说,逻辑地址为 32 位,页面大小为 4KB,则逻辑地址的高 20 位为页号,低 12 位为页内位移,如图 9.4 所示。例如,有一个逻辑地址为十六进制 0001527A,则其页号为十六进制 0X15,页内位移为十六进制 0X27A。

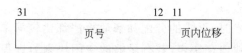

31	12	11	
页号		页内位移	

图 9.4 页式存储的逻辑地址结构

2. 页式分配思想

页式分配的思想是以页为单位为程序分配内存,每个内存块装一页。一个进程的映像的各个页面可分散存放在不相邻的内存块中,用页表记录页号与内存块号之间的映射关系。图 9.5 描述了这种分配方式。

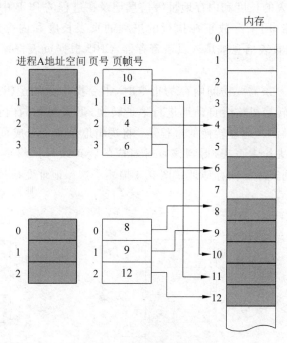

图 9.5 页式分配示意图

页表是进程的一个重要资源,它记录了进程的页面与块号的对应关系。

例 9.4:在图 9.5 中,进程 A 的程序代码被划分为 4 页,分别加载到内存的第 10、11、4 和 6 块中,进程 B 的程序代码被划分为 3 页,分别加载到内存的第 8、9 和 12 块中,它们的页表如图 9.5 所示。虽然它们都不是连续存放的,但通过页表可以得到分散的各块的逻辑顺序。

3. 页面的分配与释放

系统设有一个内存块表,记录系统内所有物理内存块的分配和使用状况。内存块表可采用位示图的方式或空闲块链表方式表示。位示图用一系列的二进制位来描述各个内存块的状态,每个位对应一个内存块,0 表示空闲,1 表示占用。空闲链是用拉链的方式来组织空闲的内存块的。系统根据内存块表进行存储分配和释放,每次分配和释放操作后都要相应地修改此表。

不考虑虚拟存储技术时,页式的分配和释放算法都比较简单。当进程建立时,系统根据进程映像的大小查找内存块表,若有足够的空闲块则为进程分配块,为其建立页表并将页表信息填入 PCB 中。若没有足够的空闲块,则拒绝进程装入。进程结束时,系统将进程占用的内存块回收,并撤销进程的页表。

4. 页式地址变换

页式系统采用动态地址变换方式,通过页表进行地址变换。每个进程有一个页表。用逻辑地址的页号查找页表中对应的表项即可获得该页表所在的内存的块号。页表通常存放在内存中,页表的长度和内存地址等信息记录在进程的 PCB 中。另外,在 CPU 中设有一个页表寄存器,用来存放正在执行的进程的页表长度和内存地址。当进程进入 CPU 执行时,进程的页表信息被填入页表寄存器,CPU 根据页表寄存器的值即可找到该进程的页表。

当 CPU 执行到一条需要访问内存的指令时,指令操作数的逻辑地址被装入逻辑地址寄存器,分页地址转换机构会自动地进行地址转换,形成实际的内存地址。CPU 随后对此地址进行访问操作。地址转换的过程是:将逻辑地址按位分成页号和页内位移两部分,再以页号为索引去检索页表,得到该页号对应的物理块号。将页内位移作为块内位移与块号拼接即得到实际的内存地址。图 9.6 描述了这一地址变换过程。

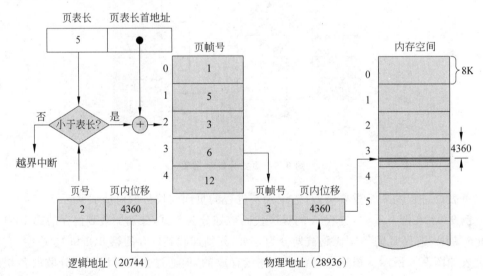

图 9.6　页式地址变换过程

例 9.5：设系统的页面大小为 8KB,CPU 的当前指令要访问的逻辑地址为 20744,则该地址对应的页号为 2(20744/8K 的商,1K=1024),页内位移为 4360(20744/8K 的余数)。经查页表后,页号 2 变换为块号 3,块内位移为 4360 拼接,得到实际地址为 28936(3×8K+4360)。

页表存储在内存中。CPU 为了访问一个内存单元需要两次访问内存,第一次是查页表,第二次完成对内存单元的读/写操作。这显然降低了带有访问内存操作的指令的执行速度。为缩短查页表的时间,系统通常使用快表技术,就是将一些常用的页表表项保存在 CPU 内部的高速缓存中。存在高速缓存中的页表称为快表,快表的访问速度比内存页表的访问速度要高得多。当进行地址转换时,先用页号去查快表,查到则直接进行地址转换,未查到时则去内存查页表,再进行地址转换,同时将此页对应的页表项登记到快表中。

9.2.3　段式存储管理

在分区和页式存储管理中,程序的地址空间是一维连续的。然而,从用户的观点来看,一维的程序结构有时并不理想。比如,按模块化设计准则,一个应用程序通常划分为一个主模块、若干个子模块和数据模块等。划分模块的好处是可以分别编写和编译源程序,并且可以实现代码共享、动态链接等编程技术。段式存储分配就是为了适应用户对程序结构的需求而设计的存储管理方案。

1. 段的概念

在段式存储管理系统中,程序的地址空间由若干个大小不等的段组成。段(segment)是逻辑上完整的信息单位,划分段的依据是信息的逻辑完整性以及共享和保护等需要。分段后,程序的逻辑地址空间是一个二维空间,其逻辑地址由段号和段内位移两部分组成。

分段与分页的区别在于:段是信息的逻辑单位,长度不固定,由用户进行划分;页是信息的物理单位,长度固定,由系统进行划分,用户不可见。另外,页式的地址空间是一维的,段式的地址空间是二维的。

2. 段式分配思想

段式分配策略是以段为单位分配内存,每个段分配一个连续的分区。段与段间可以不相邻接,用段表描述进程的各段在内存中的存储位置。段表中包括段长和段起始地址等信息。图 9.7 描述了段式存储的分配方式。

3. 段的分配与释放

段式分配对内存空间的管理类似于可重定位分区的管理方法。当进程建立时,系统为进程的各段分配一个连续的存储区,并为它建立段表。进程结束后,系统回收段所占用的分区,并撤销段表。进程在运行过程中也可以动态地请求分配或释放某个段。

4. 段式地址变换

当进程开始执行时,进程的段表信息被填入 CPU 中的段表寄存器。根据段表寄存器的值,CPU 可以找到该进程的段表。当 CPU 执行到一条要访问某逻辑地址的指令时,以逻辑地址中的段号为索引去检索段表,得到该段在内存的起始地址,与逻辑地址中的

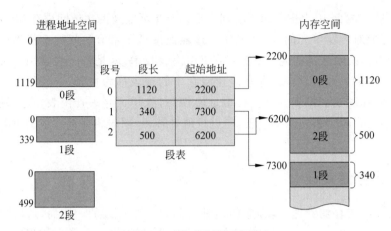

图 9.7　段式分配示意图

段内位移相加就可得到实际的内存地址。图 9.8 描述了这一地址变换过程。

例 9.6：设 CPU 的当前指令要访问的逻辑地址为 2 段的 210 位移处。经查段表后，获得 2 段的起始地址为 6200，将其与段内位移 210 相加，得到实际地址为 6410。

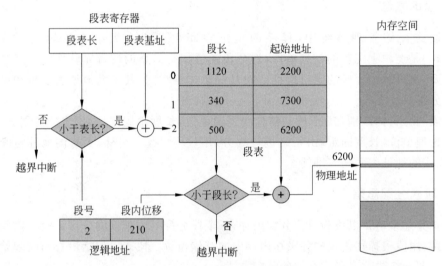

图 9.8　段式地址变换过程

5. 段式存储的共享、保护与扩充

段式存储允许以段为单位的存储共享。段的共享就是内存中只保留该段的一个副本，供多个进程使用。当进程需要共享内存中的某段程序或数据时，只要在进程的段表中填入共享段的信息，并置以适当的读/写控制权，就可以访问该段了。

当 CPU 访问某逻辑地址时，硬件自动把段号与段表长度进行比较，同时还要将段内地址与段表中该段长度进行比较，如果访问地址合法则进行地址转换，否则产生地址越界中断信号。对共享段还要检验进程的访问权限，权限匹配则可进行访问，否则产生读/写保护中断。

段式存储空间的扩充采用段式虚拟存储器技术,在此不做介绍。

段式管理的特点是便于程序模块化处理,可以充分实现分段共享和保护。但由于段需要连续存储,可能出现碎片问题。另外,段式管理需要硬件具备段式地址变换机构。

9.2.4 段页式存储管理

段页式存储管理是页式和段式两种存储管理方案相结合的产物。它的分配思想是段式划分,页式存储。即把程序的各段按页式分配方式存储在内存的块中,每段一个页表。另设一个段表,指示各段的页表位置。这样就实现了程序的不连续存放。

采用段页式方式时,程序的逻辑地址可以看作是由 3 部分组成的,即段号+页号+页内地址。地址变换过程是:先根据段号查段表,获得该段的页表,再用页号查页表,得到实际内存块号,最后与页内地址合并即可得到实际内存地址。

段页式存储管理具备了页式和段式两种存储管理方式的优点,存储空间的利用率高,并能满足各种应用要求。但这种管理技术过于复杂,软硬件开销也很大,因此较少使用。

9.3 虚拟存储管理

9.3.1 虚拟存储技术

1. 程序的局部性原理

实验证明,在进程的执行过程中,CPU 不是随机访问整个程序或数据范围的,而是在一个时间段中只集中地访问程序或数据的某一个部分。进程的这种访问特性称为局部性(locality)原理。局部性原理表明,在进程运行的每个较短的时间段中,进程的地址空间中只有部分空间是活动的(即被 CPU 访问的),其余的空间则处于不活动的状态。这些不活动的代码可能在较长的时间内不会被用到(比如初始化和结束处理),甚至在整个运行期间都可能不会被用到(比如出错处理)。它们完全可以不在内存中驻留,只当被用到时再调入内存,这就是虚拟存储器的思想。可以说,程序的局部性使虚拟存储成为可能。

2. 虚拟存储器原理

虚拟存储器的原理是用外存模拟内存,实现内存空间的扩充。做法是:在外存开辟一个存储空间,称为交换区。进程启动时,只有部分程序代码进入内存,其余驻留在外存交换区中,在需要时调入内存。

与覆盖技术的不同之处在于,覆盖是用户有意识地进行的,用户所看到的地址空间还是实际大小的空间;而在虚拟存储技术中,内存与交换空间之间的交换完全由系统动态地完成,应用程序并不会察觉,因而应用程序看到的是一个比实际内存大得多的"虚拟内存"。

与交换技术的不同之处在于,交换是对整个进程进行的,进程映像的大小仍要受实际内存的限制;而在虚拟存储中,进程的逻辑地址空间可以超越实际内存容量的限制。因此,虚拟存储管理是实现内存扩展的最有效的手段。

不过,读/写硬盘的速度比读/写内存要慢得多,因此访问虚拟存储器的速度比访问真正内存的速度要慢,所以这是一个以时间换取空间的技术。另外,虚拟空间的容量也是有限制的。一般来说,虚拟存储器的容量是实际内存容量与外存交换空间容量之和,这与具体的系统设置有关。但虚存容量最终要受地址寄存器位数的限制。对于 32 位计算机来说,32 位可以表示的数字范围是 4GB,因此它的虚存空间的上限就是 4GB。

3. 虚拟存储器的实现技术

虚拟存储器的实现技术主要有页式虚存和段式虚存两种,以页式虚存最为常用。本节将只介绍这种页式虚存技术。

9.3.2　页式虚拟存储器原理

页式虚拟存储器的思想就是在页式存储管理基础上加入以页为单位的内外存空间的交换来实现存储空间扩充功能。这种存储管理方案称为请求页式存储管理。

1. 请求页式管理

在请求页式管理系统中,最初只将过程映像的若干页面调入内存,其余的页面保存在外存的交换区中。当程序运行中访问的页面不在内存时,则产生缺页中断。系统响应此中断,将缺页从外存交换区中调入内存。

请求页式的页表中除了内存块号外还增加了一些信息字段,设置这些信息是为了实施页面的管理和调度,如地址变换、缺页处理、页面淘汰以及页面保护等。实际系统的页表结构会有所不同,这取决于系统的页面管理和调度策略。如图 9.9 所示是一种典型的请求页式的页表结构。其中,"状态位"表示该页当前是否在内存;"修改位"表示该页装入内存后是否被修改过;"访问位"表示该页最近是否被访问过;"权限位"表示进程对此页的读/写权限;"外存地址"为该页面在外存交换区中的存储地址。

页号	页帧号	状态位	修改位	访问位	权限位
0					
1					
...					
n-1					

图 9.9　请求页式页表

2. 地址变换过程

请求页式的地址变换过程增加了对缺页故障的检测。当要访问的页面对应的页表项的状态位为 N 时,硬件地址变换机构会立即产生一个缺页中断信号。CPU 响应此中断后,将原进程阻塞,转去执行中断处理程序。缺页中断的处理程序负责将缺页调入内存,并相应地修改进程的页表。中断返回后,原进程就可以重新进行地址变换,继续运行下去了。

例 9.7:如图 9.10 所示是一个地址变换过程的实例,设系统的页面大小为 4KB,CPU 的当前指令要访问的逻辑地址为 0x3080,则该地址对应的页号为 3,页内位移为 0x80。设进程当前的页表为图中左面的页表。由于 3 号页面当前不在内存,故引起缺页中断,进程被阻塞。CPU 开始执行缺页中断处理程序,调度页面。中断处理的结果是 2 号页面被淘汰,3 号页面被调入,覆盖了 2 号页面。修改后的页表为图中右面的页表。中断返回后原进程被唤醒,进入就绪状态。当再次运行时,重新执行上次那条指令,并成功地将逻辑地址 0x3080 变换为 0x9080。

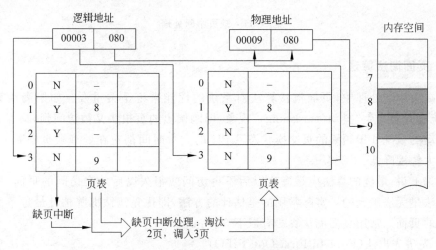

图 9.10　请求页式地址变换过程举例

3. 缺页中断的处理

缺页中断后,CPU 暂停原进程的运行,转去执行缺页中断的处理程序。缺页中断处理程序的任务是将进程请求的页面调入内存。它先查到该页在外存的位置,如果内存中还有空闲块则将缺页直接调入。如果没有空闲块就需要选择淘汰一个已在内存的页面,再将缺页调入,覆盖被淘汰的页面。在覆盖被淘汰的页面前,先检查该页在内存驻留期间是否曾被修改过(页表中的修改位为 1)。如果被修改过,则要将其写回外存交换空间,以保持内外存数据的一致性。缺页调入后,还要相应地修改进程页表和系统的内存分配表。中断处理完成后,原进程从等待状态中被唤醒,进入就绪状态,准备重新运行。图 9.11 描述了缺页中断的处理过程。

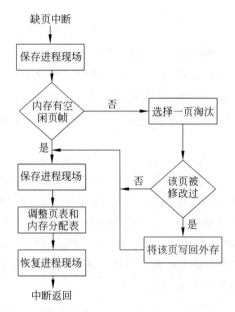

图 9.11　缺页中断处理

4. 页面淘汰算法

在缺页中断处理中,页面淘汰算法对系统的性能来说至关重要。如果淘汰算法不当,系统有时会产生"抖动(thrashing)"现象,即刚调出的页很快又被访问到,马上又被调入。抖动的系统处于频繁的页交换状态,CPU 的大量时间都花在处理缺页中断上,故系统效率大幅度降低。

理论上讲,最优的算法应是淘汰以后不再访问或很久以后才会访问的页面,然而最优的算法是无法确定的。实际常用的是估计的方法,即优先淘汰那些估计最近不太可能被用到的页面。常用页面淘汰算法有以下 3 种:

1) 先进先出法(First-In First-Out,FIFO)

FIFO 算法的思想是优先淘汰最先进入内存的页面,即在内存中驻留时间最久的页面。不过在有些时候,页面调入的先后并不能反映页面的使用情况。最先进入内存执行的代码可能也是最常用到的,比如程序的主控部分。因此,FIFO 算法性能比较差,通常还要附加其他的判断来优化此算法。

FIFO 算法的实现比较简单,只要用一个队列记录页面进入内存的先后顺序,淘汰时选择队头的页面即可。

2) 最近最少使用法(Least Recently Used,LRU)

LRU 算法不是简单地以页面进入内存的先后顺序为依据,而是根据页面调入内存后的使用情况进行决策的。由于无法预测各页面将来的使用情况,只能利用"最近的过去"作为"最近的将来"的近似。因此,LRU 算法选择淘汰在最近期间最久未被访问的页面予以淘汰。

LRU 算法有多种实现和变种,其基本思想是在页表中设置一个访问字段,记录页面在最近时间段内被访问的次数或自上次访问以来所经历的时间,当须淘汰一个页面时,选择现有页面中访问时间值最早的予以淘汰。

实际运用证明 LRU 算法的性能相当好,它产生的缺页中断次数已很接近理想算法。但 LRU 算法实现起来不太容易,需要增加硬件或软件的开销。与之相比,FIFO 算法性能尽管不是最好,却更容易实现。

3) 最少使用频率法(Least Frequently Used,LFU)

LFU 算法是 LRU 的一个近似算法。它选择淘汰最近时期使用频率最少的页面。实现时需要为每个页面设置一个访问记数器(也可以用移位寄存器实现),用来记录该页面被访问的频率,需要淘汰页面时,选择记数值最小的页面淘汰。

应当指出的是,无论哪种算法都不可能完全避免抖动发生。产生抖动的原因一是页面调度不当,另一个就是实际内存过小。对系统来说应当尽量优化淘汰算法,减少抖动发生;而对用户来说,加大物理内存是解决抖动的最有效方法。

总的来说,请求页式存储管理实现了虚拟存储器,因而可以容纳更大或更多的进程,提高了系统的整体性能。但是,空间性能的提升是以牺牲时间性能为代价的,过度扩展有可能产生抖动,应权衡考虑。一般来说,外存交换空间为实际内存空间的 1～2 倍比较合适。

9.4　Linux 的存储管理

9.4.1　x86 架构的内存访问机制

1. x86 的内在寻址模式

x86 32 位系统使用 32 根地址线,可寻址空间达 4GB。因此,启用了物理地址扩展 PAE 后,使用 36 根地址线,可寻址空间为 64GB。本章只对未启用 PAE 的传统 x86-32 系统架构进行讲解。

x86 使用的是段式管理机制,在段式管理的基础上还可以选择启用页式管理机制。当 CPU 中的控制寄存器 CR0 的 PG 位为 1 时启用分页机制,为 0 则不启用。运行 Linux 系统需要启动分页机制。

x86 的地址分为 3 种:逻辑地址、线性地址和物理地址。逻辑地址也称为虚拟地址,是机器指令中使用的地址。由 x86 采用段式管理,所以它的逻辑地址是二维的,由段和段内位移表示。线性地址是逻辑地址经过 x86 分段机构处理后得到的一维地址。物理地址是线性地址经过页式变换得到的实际内存地址,这个地址将被送到地址总线上,定位实际要访问的内存单元。

实现地址变换的硬件是 CPU 中的内存管理单元(Memory Management Unit,MMU),当 CPU 执行到一条需要访问内存的指令时,CPU 的执行单元(Execution Unit,EU)会发出一个虚拟地址。这个虚拟地址被 MMU 截获,经过段式和页式变换后将其转为物理地址。

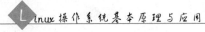

2. x86 的段式地址变换

x86 系统的内存空间被按类划分为若干的段，包括代码段、数据段、栈段等。每个段由一个段描述符来描述。段描述符中记录了该段的基址、长度和访问权限等属性。各段的段描述符连续存入，形成段描述符表（GDT 和 LDT）。

在 CPU 执行单元中设有几个段寄存器，其中存放的是段描述符的索引项。主要的段寄存器是 cs、ds 和 ss，分别用于检索代码段、数据段和栈段的段描述符。地址变换过程是：根据指令类型确定其对应的段（如跳转类指令用 cs 段，读写类指令用 ds 段等），再通过对应的段寄存器在段描述符表中选出段描述符。将指令给出的地址作为偏移值，对照段描述符进行越界和越权检查；检查通过后，将偏移值与段描述符中的段基址相加，形成线性地址。

3. x86 的分页地址变换

x86 系统的页面大小为 4KB。页表项中除页帧外还包含了一些标志位，描述页的属性一。主要的标志位有"存在位 P"（Present）、"读写位 R/W"（Read/Write）、"访问位 A"（Accessed）和"修改位 D"（Dirty）。系统能够识别这些标志位并根据访问情况做出反应，例如，读一个页后会设置它的 A 位；写一个页后会设置他的 D 位；访问一个 P 位为 0 的页将引起缺页中断；写一个 R/W 位的 0 的页将引起保护中断。这些因访问页而引起的中断称为"页故障"。

线性地址的长度是 32 位，可表达的地址空间是 4GB，也就是 1M 个页面。如果用一个线性页表描述，表的长度将达到 1M 项，占据 4GB 空间（每个表项长为 4 字节），如此大的页表检索起来显然是低效的，而且对小尺寸的进程来说也十分浪费。为解决这个问题，x86 系统采用二级分页机制。二级分页的方法是把所有页表项按 1K 为单位划分为若干个（1～1K 个）页表，每个页表的大小为 1K×4=4K，正好占据一个页帧。另设一个项目录表来记录各个页表的位置，即页表的页帧号。页目录表的项数是 1K 也占一个页帧。可以看出，二级页表占用的总空间范围从 8KB 到约 4MB，可描述 4MB～4GB 的地址空间。

采用二级分页时，线性地址由三个部分组成，分别为页目录号、页表号和页内位移，在 32 位地址中，高 10 位和中间 10 位分别是页目录号和页表号，寻址范围都是 1K；低 12 位为页内位移，寻址范围为 4K。二级分页的地址划分及地址变换过程如图 9.12 所示。

当进程运行时，其页目录地址加载到 CPU 的 cr3 控制寄存器中，地址变换的过程是：先通过页目录号查找页目录表，得到页表地址，再根据页表号查找页表，得到页帧号，页帧号与页内位移相拼得到物理地址。

页目录和页表存放在内存中，要访问内存中的某一单元需要三次访问内存。第 1 次是查页目录表，第 2 次是查页表，第 3 次是完成对内存单元的读写操作。这样会降低指令的执行速度。为缩短查页表的时间，x86 系统采用了快表技术，在 CPU 中设置页表高速缓存（Translation Lookaside Buffer，TLB）也称为快表。TLB 中存放了常用的页表条目，它的访问速度比内存页表要高得多。在地址映射时，MMU 会优先在 TLB 中查找页

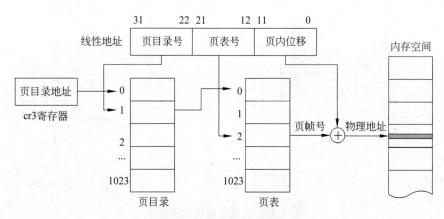

图 9.12　二级页地址变换示意图

表项,如果命中则立即形成物理地址,否则就从内存页表中查找,并将找到的页表项加载到 TLB 中。

9.4.2　Linux 的内存管理方案

1. Linux 的地址变换

Linux 系统采用请求页式存储管理。在大多数硬件平台上(如 RISC 处理器),页式管理都能很好地工作。这些平台与 x386 系列平台不同,它们采用的是分页机制,基本上不支持分段功能。但是,x86 体系结构在发展之初因受到 PC 内存容量的限制使用了分段的机制,即线性地址=段基址+段内位移。为了适应这种分段机制,Linux 利用了共享 0 基址段的方式,使 x86 的段式映射实际上不起作用。对于 Linux 来说,虚拟地址与线性地址是一样的,只需进行页式映射即可得到物理内存地址。

x86 上的 Linux 进程需要使用多个段,主要分别用于用户态与核心态的代码段、数据段和栈段。虽然这些段的基址都设为 0,起不到段映射的作用,但却可以起到段保护的作用。每个段除了基址外还有"存取权限"和"特权级别"设置。代码段和数据段的存取权限不同,可以限制进程对不同内存区的访问操作。用户态的段与核心态的段的特权级不同,在进程运行模式切换进段寄存器也切换,从而使进程获得或失去内存访问特权。

2. Linux 多级分页机制

对于 32 位系统来说,二级分页已足够了,但 64 位系统需要更多分级的分页机制。为此,Linux 2.6 后的新内核采用了四级分页的页表模型,四级页表分别是页全局目录、页上级目录、页中间目录和页表。在这种分页机制下,一个完整的线性地址也相应地分为五部分。图 9.13 说明了四级分页的线性划分及地址变换过程。

如,x86-64 系统采用四级页,启用了 PAE 的 x86-32 系统采用了三级页表,普通的 x86-32 系统采用二级页表。

为适应 x86 平台的二级页表硬件结构,Linux 系统采用了一种简单的结构映射策略,

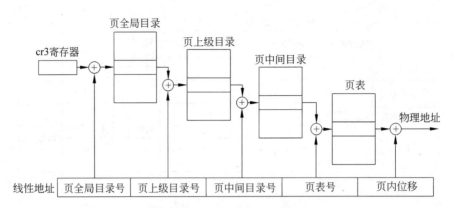

图 9.13   四级分页地址变换图

就是将线性地址中的页全局目录号和页表号对应于 x86 的页目录和页表,取消页上级目录号和页中间目录号字段,并把它们都看作 0。从结构上看,页上级目录和页中间目录都只含有一个表项(0 号)的目录,也就是说失去了目录索引的功能。它们的作用只是将页全局目录的索引直接传递到页表,形成实质上的二级分页。这种做法既保持了平台的兼容性,又兼顾了寻址特性和效率。

3. Linux 的虚存实现方式

Linux 通过页面交换来实现虚存,所有的页入和页出交换操作都是内核透明地实现的。在建立进程时,整个进程映像并没有全部装入物理内存,而是链接到进程的地址空间中,在运行过程,系统为进程按需动态调页。

由于页面交换程序的执行在时间上有较大的不确定性,影响系统的实时响应性能,故在实时系统中不宜采用。为此 Linux 替代了系统调用 swapon()和 swapoff()来开启或关闭交换机制,默认是开启的。2.6 版的内核还允许编译无虚存的系统。关闭虚存或无虚存系统的实时性高,但要求有足够的内存来保证任务的执行。

9.4.3   进程地址空间的管理

1. 进程的地址空间

进程的地址空间是进程可以使用的全部线性地址的集合,因此也称为线性地址空间或虚拟地址空间。进程地址空间是进程看待内存空间的一个抽象视图,它屏蔽了物理存储器的实际大小和分布细节,使进程得以在一个看似连续且足够大的存储空间中存放进程映像。

在 32 位的 x86 平台上,每个 Linux 进程拥有 4GB 的地址空间。这 4GB 的空间分为两部分:最高 1GB 供内核使用,称为"内核空间"较低的 3GB 供用户进程使用,称为"用户空间"。因为每个进程都可以通过系统调用执行内核代码,因此,内核空间由系统内的所有进程共享,而用户空间则是进程的私有空间。

2. 地址空间的结构

3GB 是用户空间的上限,实际的进程映像只会占用其中的部分地址,为方便管理访问控制,进程的映像划分为不同类型的若干个片段,每个片段占用地址空间中的一个区间。这些被映像占用的地址区间称为虚存区(Virtual Memory Area)。根据映像不同,虚存区分为以下几种:

(1) 代码区(text)——用于容纳程序代码。

(2) 数据区(data)——用于容纳已被初始化的全局变量。

(3) BSS 区(bss)——用于容纳初始化全局变量。

(4) 堆(heap)——用于动态存储分配区。

(5) 栈(stack)——用于容纳局部变量、函数参数、返回地址和返回值等动态数据。

用虚存区的概念来讲,一个进程的实际地址空间是由分布在整个地址空间中的多个虚存区组成的。每个虚存区中的映像都是同一类型的映像,拥有一致的属性和操作,因而可以作为单独的内存对象来管理,独立地设置各自的存取权限和共享特性。如,代码区允许读和执行;数据区可以是只读的或读定的;共享代码区允许多进程共享等。

如图 9.14 所示一个小进程的地址空间。由于只是为了示意,这个程序没有采用动态库,因此结构构成很简单,实际的进程结构要复杂些。用 pmap 命令可以查看一个进程所拥有的所有虚存区。命令是:pmap 进程号。

如图 9.14 显示该进程拥有 5 个虚存区,分布在进程的用户空间中。图中未覆盖的空白区是没有占用的空地址,是进程不可用的。虚存区是进程创建时建立的,不过进程可以在需要时动态地添加或删除虚存区,从而改变自己的可用地址空间。

说明:虚存区只是进程的观点,并非实际内存布局。虚存区的意义在于,能够在一维的线性地址空间中,通过划分虚存来实现代码的分段共享与保护。因此说,Linux 虽然采用的是页式存储方案,却具备了段式存储方案的模块化管理的优势,而且管理上要简单得多。因为段式管理中需要为一个进程分配多个地址空间。

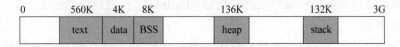

图 9.14　Linux 进程地址空间的结构图

3. 地址空间的映射

由虚存区构成的地址空间是个虚拟空间的概念,是进程可用的地址编号的范围,并不存在实际的存储单元。进程映像因使用这些地址而"位于"地址空间中,而不是存储在其中。进程映像只能存放在物理存储空间中,如硬盘或物理内存。因此必须在虚存区的地址与物理存储空间的地址之间建立起联系,这种联系就称为地址空间映射。只有建立起映射关系,进程映像才能够真正被使用。

进程的地址空间的映射方式如图 9.15 所示。对地址空间需要建立两方面的映射,一是虚存到文件的映射,称为文件映射,二是虚存到实存的映射,称为页表映射。

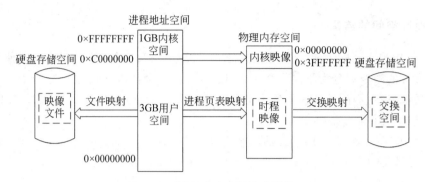

图 9.15　进程地址空间的映射关系

1) 文件映射

进程的静态映像以映像文件(即可执行文件)的形式驻留在硬盘存储空间。在进程创建时需要为其构建地址空间,方法是映像文件中相应部分的内容构建虚存区。当然映像不是被调入虚存区,而是在映像文件与虚存区之间建立地址映射,这就是文件映射。如同 C 语言用指针引用目标变量一样,进程通过虚存区来引用文件中的映像。建立文件映射后,进程的地址空间就构建完成了。

虚存区文件映射的方式是:text 区和 data 区被映射到磁盘上的可执行文件;stack 区无须映射;BSS 和 heap 区为匿名映射,即不与任何实际文件对应的映射。BSS 和 heap 区的映射对象是一个抽象的"零页"文件,映射到零页文件的区将是全 0。

虚存区覆盖的地址空间是已建立映射的,因此是进程可以访问的、有效的地址空间。没有建立映射的空白空间是进程不可用的,唯一的例外是栈增长。栈的空间会随着进程的执行而动态增长。当栈超出其所有的虚存区容量时将触发一个页故障,内核处理故障时会检查是否还有空间来增长栈。一般情况下,若栈的大小低于上限(通常是 8MB)是可以增长的。如果确实无法增长了就会产生"栈溢出"异常,导致进程终止。除了栈之外,其他任何对未映射地址区的访问都触发页故障,企图写一个只读区也会触发页故障。对这灰页故障的处理是向进程发"段错误"信号 SIGSEGV,使进程终止。

2) 页表映射

文件映射只是将文件中的映像映射进了虚存空间,而进入了物理内存的映像则是通过页表来映射的。建立了页表映射的地址空间部分是进程实际占有的、可直接访问的部分。

内核中设有一个独立的内核页表,用来映射内核空间。各个进程的页全局 768 项是进程自己的页表,768 之后的项则共享内核页表。内核页表将内核空间映射到物理内存的低端,进程页表将用户空间映射到 1GB 之上的物理内存空间。当进程运行在用户空间进使用的是自己的进程页表,一旦陷入内核就开始使用内核页表了。

进程开始执行时,只有很少一部分虚存区的映像装入物理内存,其余部分还在外存。当进程方试图访问一个不在内存的地址是,CPU 将引发一个页故障中断。页故障处理程序根据虚存区的文件映射信息在文件中找到相应位置的映像,将其从硬盘调入物理内存,为其建立相应的页表映射,然后重新执行访问操作。

映像进入内存后也并非始终驻留内存中。页式虚存的页面交换操作可能会将其换出到硬盘的交换空间中。内存与交换空间的映射关系由内核确定，用户进程是看不到的。

4. 地址空间的描述

Linux 内核虽然是用 C 语言写成的，但它在许多方面实际采用了面向对象的思想，将一些资源抽象成对象来使用，如内存对象、文件对象等。

虚存区就是按照这种方式描述的一类对象。虚存区对象的描述结构是 vm_area_struct，该结构中包含了虚存区的属性数据，如区的起始地址 vm_start 和结束地址 vm_end、访问权限 vm_page_prot、映射的文件 vm_file、文件偏移量 vm_pgoff、链表指针 vm_next 等，此外还有一个虚存区操作集的指针 vm_ops，它指向一组针对虚存区的操作函数的函数指针。这些函数，这些函数包括增加虚存区 open() 和删除虚存区 close()。

9.5　习　　题

1. 存储管理的主要功能是什么？
2. 什么是逻辑地址？什么是物理地址？为什么要进行地址变换。
3. 静态地址变换与动态地址变换有什么区别？
4. 简述页式分配思想和地址变换机制。
5. 页式和段式内存管理有什么区别？
6. 在页式存储系统中，若页面大小为 2KB，系统为某进程的 0、1、2、3 页面分配的物理块为分别 5、10、4、7，求出逻辑地址 5678 对应的物理地址。
7. 在页式存储系统中，如何实现存储保护和扩充？
8. Linux 系统采用的存储管理方案是什么？

参 考 文 献

[1] 周奇.Linux网络服务器配置、管理与实践教程.北京：清华大学出版社,2014.

[2] 周奇.Linux网络服务器搭建管理与应用.北京：中国人民大学出版社,2011.

[3] 张玲.Linux操作系统基础原理与应用.北京：清华大学出版社,2014.

[4] 邱建新.Linux操作系统实用教程.北京：清华大学出版社,2012.